经典译丛·人工智能与智能系统

人工智能硬件加速器设计

Artificial Intelligence Hardware Design

Challenges and Solutions

[美] Albert Chun Chen Liu
Oscar Ming Kin Law 著

王立宁 薛志光 刘 晖 何俞勇 译

電子工業出版社·

Publishing House of Electronics Industry

北京·BEIJING

内 容 简 介

本书聚焦人工智能处理器硬件设计的算力瓶颈问题，介绍了神经网络处理内核电路与系统的设计目标、优化技术、评价方式，以及应用领域。全书共 9 章，以人工智能硬件芯片组织架构的核心处理单位"卷积神经网络"在系统架构层面的算力性能提升为目标，在回顾了 CPU、GPU 和 NPU 等深度学习硬件处理器的基础上，重点介绍主流的人工智能处理器的各种架构优化技术，包括并行计算、流图理论、加速器设计、混合内存与存内计算、稀疏网络管理，以及三维封装处理技术，以业界公认的测试集与方法为依据，展现不同架构设计的处理器在功耗、性能及成本指标等方面不同程度的提升，深入探讨优化整体硬件的各种方法。

本书适合从事人工智能研究或开发的系统架构工程师、硬件/软件工程师、固件程序开发工程师阅读，也适合计算机、电子信息等相关工科专业的研究生参考。

Artificial Intelligence Hardware Design: Challenges and Solutions by Albert Chun Chen Liu and Oscar Ming Kin Law, 9781119810452

Copyright © 2021 by The Institute of Electrical and Electronics Engineers, Inc.

All rights reserved. This translation published under license. Authorized translation from the English language edition, Published by John Wiley & Sons.No part of this book may be reproduced in any form without the written permission of the original copyrights holder

Copies of this book sold without a Wiley sticker on the cover are unauthorized and illegal

本书简体中文字版专有翻译出版权由美国 John Wiley & Sons, Inc.公司授予电子工业出版社。未经许可，不得以任何手段和形式复制或抄袭本书内容。本书封底贴有 Wiley 防伪标签，无标签者不得销售。

版权所有，侵权必究。

版权贸易合同登记号　图字：01-2022-7108

图书在版编目（CIP）数据

人工智能硬件加速器设计 / （美） 刘峻诚
(Albert Chun Chen Liu)，（美） 罗明健
(Oscar Ming Kin Law) 著；王立宁等译. -- 北京 : 电
子工业出版社，2025. 1. -- （经典译丛）. -- ISBN 978-
7-121-49475-8

Ⅰ. TP18；TP332
中国国家版本馆 CIP 数据核字第 2025KB2508 号

责任编辑：杨　博
印　　刷：三河市鑫金马印装有限公司
装　　订：三河市鑫金马印装有限公司
出版发行：电子工业出版社
　　　　　北京市海淀区万寿路 173 信箱　邮编：100036
开　　本：787×1092　1/16　印张：12.75　字数：326 千字　彩插：2
版　　次：2025 年 1 月第 1 版
印　　次：2025 年 1 月第 1 次印刷
定　　价：89.00 元

凡所购买电子工业出版社图书有缺损问题，请向购买书店调换。若书店售缺，请与本社发行部联系，联系及邮购电话：(010) 88254888，88258888。

质量投诉请发邮件至 zlts@phei.com.cn，盗版侵权举报请发邮件至 dbqq@phei.com.cn。

本书咨询联系方式：yangbo2@phei.com.cn，(010) 88254472。

译 者 序

全社会对人工智能技术的发展持续保持密切的关注。近十年来,全球范围内有几十个国家和地区将人工智能技术的发展上升到国家或地区级战略高度。《中华人民共和国国民经济和社会发展第十四个五年规划和 2035 年远景目标纲要》中指出,要瞄准人工智能等前沿领域,实施一批具有前瞻性、战略性重大科技项目,推动数字经济发展。发展人工智能已成为全社会的共识。人工智能技术从智能家居、智能医疗到智能交通、智能制造等领域都出现了各种场景、各种层面的广泛应用。然而,从自主发展的角度看,中国在这个进程中需要解决较明显的基础性问题。

首先,在基础硬件的研究设计方面,国内发展现状与世界领先技术仍存在一定差距。人工智能基础硬件的研发对整体技术的迭代、发展、应用和质量提升具有重要价值。任何应用模型的训练、推理、迭代、筛选、应用与评价都无法脱离相适配的基础硬件。但是在国内,仅有少量企业或研究机构会对基础硬件的研究与发展进行有效投入,这导致国内人工智能产业链的上下游存在脱节,产业链中的系统供应商面对市场的需求,广泛依赖进口基础硬件以更快部署实际应用,产业链中的核心算力芯片的研发与供应不能对国内市场的需求提供有效的技术和业务支撑,上下游之间难以形成良性循环,出现头重脚轻的情况。这不仅不利于支持核心硬件理论与技术的积累与有效发展,也会对战略目标的实施带来影响。

其次,人工智能技术的发展还涉及模型和应用的配合迭代,这也需要硬件和生态的有机结合。人工智能生态包括算法、数据、应用等多个方面,而生态的建立及维护与硬件的设计又存在着千丝万缕的关联性。译者相信,技术人员只有深入掌握了硬件的架构、明晰应用的特点、沿着可靠稳健的路径发展,才能有效地推动算力设计目标和应用服务的同步发展,最终将科技进步与社会需求有机地结合起来。

现如今,政府不断加大对产业的支持力度,提高政策的针对性和有效性;社会在不断加强对人工智能技术的理解和认知;高校和研究机构努力培养相应的专业人才,特别是基础性硬件研究与设计方面的人才,这些举措都能够成为人工智能技术发展的助力,从而进一步推动社会进步。

与国内人工智能领域的出版物相比,本书的特点在于聚焦基础硬件的设计。在背景介绍之后,深入介绍了人工智能里程碑 AlexNET 网络的架构和意义,然后介绍了英特尔、英伟达、谷歌、微软这四家世界头部企业的五种人工智能网络并行架构设计。此外,本书还就基于流图理论的加速器设计、卷积神经网络的优化、存内计算、近内存计算、网络稀疏性处理和三维方式的能效处理工艺六个方面进行了深入探讨。

本书涉及的人工智能加速器包括 Blaize、Graphcore、DCNN、Eyeriss、Neurocube、Tetris、Neurostream、DaDianNao、Cnvlutin、EIE、寒武纪 X 系列、SCNN 和 SeerNet 等。这些加速器适用的场景包括云服务器端、PC 端、手机端或边缘计算。不同场景以及应用所需要重视的指标有所不同，但是从基本的处理结构上，都摆脱不了如何适配这些计算模型。本书从多个方面讲述了人工智能硬件设计的重点内容，以成熟的人工智能加速器为例逐步展开分析，力求做到有全局、有侧重、有细节。

全书以公式、图表以及第三方测评数据为依据，对比不同的处理技术对系统性能的影响和改善。此外，本书还给出了 100 多篇参考文献和 74 道思考题，帮助读者进行进一步学习。

本书是一本关于人工智能硬件设计的参考书，内容翔实，结构严谨，图文并茂，适合在校大学生、研究生、人工智能硬件设计人员、人工智能系统设计人员以及关注人工智能技术发展的产业链上下游读者阅读和学习。为了保证准确性和可读性，译者在翻译过程中进行了大量的细节核实以及表达方式的优化，对于书中存在商榷的表达提供了参考性的修订，对缺乏说明的地方提供了译者注释，并提供了全书思考题的解答[①]。

王立宁负责全书的初译，薛志光负责全书术语的统一及附录的翻译，刘晖负责全书图表的翻译和整理。何俞勇负责第 1～5 章的统稿，王立宁、薛志光、刘晖负责第 6～9 章的统稿。为了统稿，4 位译者进行了多次探讨与修改。除了 4 位译者的翻译工作，还要感谢国内人工智能领域相关硬件技术专家的指导，特别是左礁老师对第 3 章内容的专业技术指导，以及于弘毅、朱海涛同学对全书内容的认真阅读和反馈建议。

由于本书涉及的主题新颖，国内学术及工业界缺乏相应的参考资料，译者通过各种方式与行业专家沟通，确保提供专业的技术翻译与表述，但实际上不可避免存在不妥或错误之处。译者团队欢迎读者的指导和建议，相关事项请通过 lining.wang@gmail.com 与我们联系，以进一步提升我们的工作质量。

译者于上海

[①] 译者提供的全书思考题解答可登录华信教育资源网下载或通过 yangbo2@phei.com.cn 邮箱获取。

前　　言

随着 2012 年卷积神经网络（Convolutional Neural Network，CNN）在图像分类领域的突破，深度学习（Deep Learning，DL）成功解决了许多复杂的问题，并广泛应用于我们的日常生活、汽车、金融、零售和医疗保健。2016 年，人工智能（Artificial Intelligence，AI）在特定领域已经超过了人类的表现，谷歌 AlphaGo 通过强化学习（Reinforcement Learning，RL）赢了围棋的世界冠军。人工智能革命逐渐改变了我们的世界，就像个人计算机（1977年）、互联网（1994 年）和智能手机（2007 年）一样。然而，产业界的大多数工作都集中在软件开发上，而不是解决硬件的挑战，其挑战包括：

- 如何适配大数据量输入
- 如何应用深度神经网络
- 选择及优化大规模并行处理
- 实现可重构网络
- 解决内存瓶颈
- 提高计算密度
- 实现网络修剪
- 处理及应用数据稀疏性

本书介绍中央处理器（CPU）、图形处理器（GPU）、张量处理器（TPU）以及神经网络处理器（NPU）的各种硬件设计方法，包括：

- 并行体系结构
- 流图理论
- 卷积优化
- 存内计算
- 近内存体系结构
- 网络稀疏性
- 三维神经处理

可以从这些设计思路演变新的硬件设计，进一步提高性能和功率。

本书的架构

第 1 章介绍神经网络的起源和发展简史。

第 2 章概括卷积神经网络（CNN）模型，说明各网络层的作用。

第 3 章介绍几种主流的并行架构，包括英特尔 CPU、英伟达 GPU、谷歌 TPU 和微软 NPU。通过硬件/软件的集成，以提高整体性能。还以英伟达深度学习加速器（NVDLA）开源项目为例，说明了 FPGA 硬件实现。

第 4 章介绍 Blaize 流图处理器（Graph Streaming Processor，GSP）和 Graphcore 智能

处理器（Intelligent Processing Unit，IPU），它们将深度优先搜索（DFS）应用于任务分配，将批量同步并行模型（BSP）应用于并行运算。

第 5 章介绍加州大学洛杉矶分校（UCLA）的深度卷积神经网络（DCNN）加速器中的滤波器分解方法和麻省理工学院（MIT）的眼神加速器（Eyeriss Accelerator）v1 和 v2 的行固定数据流程，以优化卷积神经网络。

第 6 章介绍佐治亚理工学院的神经立方体（Neurocube）加速器、斯坦福大学的 Tetris 加速器使用混合内存立方体（HMC），以及波罗尼亚大学的神经流动（Neurostream）加速器使用智能内存立方体（SMC）实现存内计算。

第 7 章介绍中国科学院计算技术研究所（ICT）的 DaDianNao 超级计算机和多伦多大学的 Cnvlutin 加速器，重点介绍了近内存体系架构。以 Cnvlutin 加速器为例介绍如何避免无效的零运算。

第 8 章介绍斯坦福大学的能效推理引擎、中国科学院计算技术研究所（ICT）的寒武纪 X（Cambricon-X）加速器、麻省理工学院（MIT）的 SCNN 加速器和微软的 SeerNet 加速器来处理网络稀疏性。

第 9 章介绍一种具有网桥的创新三维神经处理，以克服功耗和散热挑战。这种架构还解决了内存瓶颈问题，并应对了大型神经网络处理问题。

我们将继续研究各种深度学习硬件架构，侧重存算一体架构，探索更高效的计算逻辑。我们希望这种架构所能实现的性能超过谷歌公司的大脑浮点格式（BFP16）的系统，以更低的功耗实现更宽的动态范围、更高的性能。

Albert Chun Chen Liu

Oscar Ming Kin Law

目　　录

第 1 章　人工智能技术简介

2012 年随着应用于图像分类的深度学习（DL）技术的发展[1]①，卷积神经网络（CNN）能提取图像特征，并成功对图像中的物体进行分类。与传统的计算机视觉算法相比，卷积神经网络技术将误判率降低了 10%。2015 年，残差网络（ResNet）技术能达到的误判率比人类误判率还低 5%。随之，产业界又开发出各种深度神经网络（DNN）模型，应用于汽车电子、金融、零售、医疗保健等许多行业。这些模型成功地解决了行业应用中的大量复杂问题，在我们的日常生活中发挥作用。例如，特斯拉的自动驾驶技术可以引导驾驶员进行变道、选择正确的交叉路口和高速公路出口。在不久的将来，会有模型实现交通标志识别和城市自动驾驶。

2016 年，采用强化学习（RL）技术实现的谷歌"阿尔法狗"（AlphaGo）在围棋人机大战中赢得了比赛。AlphaGo 经过棋局评估、落子决策等计算环节确定博弈的行动，最后击败了围棋世界冠军李世石[2]。增强学习对机器人技术的发展有着深远的价值，人工智能机器人不再按照预先编写的程序去感知周围环境的变化并做出相应的动作，而是以自主学习获得的能力去应对这一切。增强学习技术扩展了机器人在工业自动化中的应用。人工智能（AI）的这场革命逐渐改变世界，其意义不亚于个人计算机（1977 年）②、互联网（1994 年）③和智能手机（2007 年）④带来的深远影响（图 1.1）。

图 1.1　高科技革命的里程碑事件

---

① 2012 年，AlexNet 在 ImageNet 比赛中取得了领先的成绩，这是深度学习（DL）图像分类的一个里程碑事件，这也促进了卷积神经网络（CNN）提取图像特征和成功分类物体的发展。——译者注

② Apple IIe（1997 年）和 IBM PC（1981 年）为软件开发提供了价格合理的硬件，新软件极大地提高了我们日常生活中的工作效率，改变了我们的世界。

③ 信息高速公路（1994 年）通过互联网连接全世界，改善了个人之间的沟通。谷歌搜索引擎让信息触手可及。

④ 苹果 iPhone（2007 年）将手机变成多媒体平台。它不仅允许人们听音乐和看视频，还将许多实用程序（如电子邮件、日历、钱包和备忘）集成到手机中。

1.1 发 展 简 史

神经网络技术的发展[3]经历了漫长的时间。1943 年宾夕法尼亚大学设计出第一台电子数字积分器和计算器（ENIAC）。与此同时，神经生理学家 Warren McCulloch 和数学家 Walter Pitts 在理论上阐述了神经元的工作机理[4]，并用电路搭建了一个简单的神经网络系统的模型。1949 年，Donald Hebb 撰写的《行为组织》（*the Organization of Behavior*）一书阐述了实践是如何加强神经网络功能的机理的（图 1.2）。

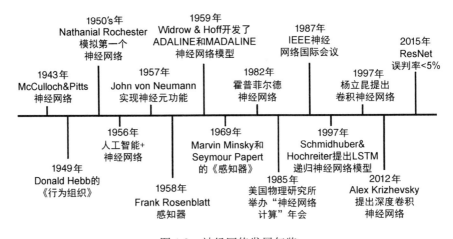

图 1.2 神经网络发展年鉴

20 世纪 50 年代，Nathanial Rochester 在 IBM 研究实验室模拟了第一个神经网络。1956 年，达特茅斯夏季人工智能研究项目首次将人工智能（AI）与神经网络结合起来进行联合项目开发。随后 John von Neumann 建议采用电报继电器或真空电子管实现简单的神经元功能。康奈尔大学的神经生物学家 Frank Rosenblatt 提出了 Perceptron（感知器）[5]概念，这是一种单层感知器，从两个类别的视角对结果进行归类。对输入变量采用感知计算得到加权和，然后将结果减去阈值，输出两个备选值的一个。Marvin Minsky 和 Seymour Papert 在 1969 年出版的《感知器》（*Perceptron*）[6]一书中指出了感知技术的局限性。作为最古老的神经网络模型，感知技术依然在现代得到应用。

1959 年，斯坦福大学的 Bernard Widrow 和 Marcian Hoff 开发了 ADALINE 和 MADALINE 等自适应线性模型，采用自适应滤波器消除电话线路中的回声。但是后来神经网络的发展停滞了十多年时间，这主要是因为电子技术发展缓慢使得神经网络的硬件实现非常困难，另外这也与人类社会对发展机器智能导致的结果看法不一有关，大众中存在各种各样的恐惧和担忧。

直到 1982 年，在美国国家科学院（National Academy of Sciences）的 John Hopfield 提出了一个新的神经网络模型：霍普菲尔德神经网络[7]，并进行了数学分析。与此同时，日本在美日人工智能合作/竞争神经网络联合会议上宣布开始第五代人工智能研究，随后美国也开始资助神经网络的研究，以与日本竞争。1985 年，美国物理研究所开始举办"神经网络计算"年会。到 1987 年，有 1800 名与会者参加了当时召开的第一届 IEEE 神经网络国际会议。1997 年，Schmidhuber 和 Hochreiter 提出了一种用于未来时间序列语音处理的长短期存储（LSTM）递归神经网络模型。同年，Yann LeCun（杨立昆）发表了名为"基于梯度学习实现文本识别的研究"[8]的论文，其中介绍的卷积神经网络（CNN）成为现代深度神经网络（DNN）研究与发展的重要基础。

　　在 ImageNet 大尺度视觉识别竞赛（ILSVRC 2012）[9]中，多伦多大学研究者应用 CNN 模型 AlexNet[1] 成功地识别了目标，取得了前五名的成绩，其性能与传统的计算机视觉算法相比，误判率降低了 10%，见图 1.3。ILSVRC 竞赛所准备的待检测图像总数超过 1400 万张，分属 2.1 万个类别，其中 100 万张图像中包含边框信息。ILSVRC 竞赛需要识别 1000 个类别，按照分类将待检测的图像样本存放于对应的分类标识和对应的目标检测结果中，并输出新的数据库，以及按照所识别的对象，将图像样本添加其类别标签，对边框内图像进行定位及检测。随着 DNN 模型 Clarifia[10]、VGG-16[11]和 GoogleNet[12]等模型的发展，误判率迅速降低。2015 年，ResNet[13]模型的误判率比人类误判率低 5%。这表明深度学习的快速发展逐步改变了我们的世界。

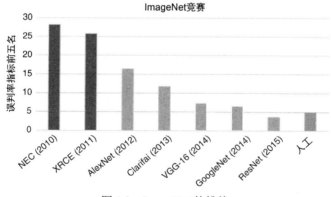

图 1.3　ImageNet 的挑战

1.2　神经网络模型

　　人类大脑器官包含 860 亿个神经元细胞，每个神经元的细胞体（或胞体）控制着神经元的功能。从细胞体向外延伸的分支状结构称为树突，树突负责神经元之间的通信。树突接收来自其他神经元的信息，并允许信息传送到细胞体。轴突将电脉冲从细胞体传递到神经元的另一端，轴突末端将电脉冲传递给另一个神经元。神经元突触是神经元的轴突末端和树突之间的连接，在那里产生兴奋和抑制化学反应。神经元突触决定了神经元间如何传递信息。神经元的这种构造支持大脑将信息传递到身体的其他部位，并控制肌肉组织的动作[见图 1.4（a）]。

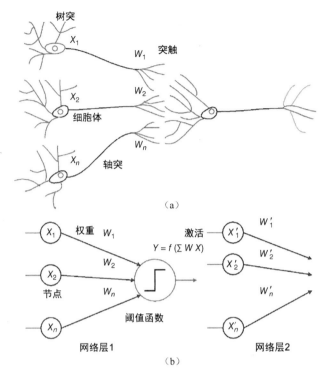

图 1.4 神经网络模型

神经网络的模型起源于对人类神经元构造的人工模仿[见图 1.4（b）]。这种人工模仿的原型由节点（node）、权重（weight）和互连（interconnect）三部分组成。节点（胞体）控制神经网络运行并执行计算；权重（轴突）连接到单个或多个节点进行信号传输；激活（神经元突触）决定了节点间信号的传递。

1.3 神经网络分类

尽管现在神经网络模型多种多样，未来还会出现更多的模型。但是按照学习方法可分类为三种，即监督学习、半监督学习和无监督学习。

1.3.1 监督学习

从工程角度理解监督学习：监督学习设置期望输出，并用特定的数据集进行训练，将期望输出和预测输出之间的误差最小化。训练成功后，神经网络学习到知识，就能从自身未知的输入得到有效输出。常见的监督学习模型有卷积神经网络（CNN）和递归神经网络（RNN），著名的长短期存储（LSTM）网络属于递归神经网络。

从数学角度看待监督学习：监督学习通常采取回归算法，根据输入数据集得到输出值，找到输入和输出之间的关系。线性回归是常见的回归方法（见图 1.5）。

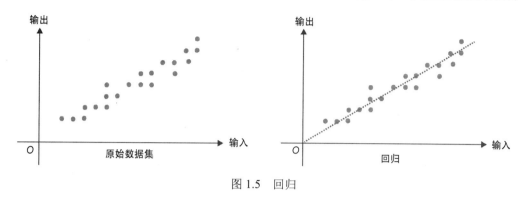

图 1.5　回归

1.3.2　半监督学习

半监督学习基于部分标记的输出进行训练，其中强化学习（RL）[①]是最典型的范例。未标记数据与少量标记数据混合，可提高不同场景下的学习精度。

1.3.3　无监督学习

无监督学习是一种从数据集中学习重要特征的神经网络学习方法，通过聚类、降维和生成技术等发现输入量之间的关系，包括自动编码器（AE）、受限玻尔兹曼机（RBM）和深度置信网络（DBN）。

聚类是一种有效的无监督学习技术，可将数据集划分为多个特征组，同一组中的数据点特征相似（见图 1.6）。常见的聚类算法是 k 均值技术。

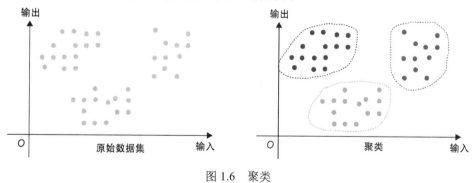

图 1.6　聚类

1.4　神经网络框架

伴随深度学习技术在各领域的应用不断出现和发展，各种开发软件架构也不断出现。在

---

① 强化学习（RL）是一种机器学习方法，它在环境中探索和学习如何通过实施一系列行动以获得最大化的长期奖励。它不需要任何先验知识或训练数据，而是通过评估每个行动的奖励来学习最佳行为。——译者注

学术界流行的软件框架 Caffe 架构被 PyTorch 所吸收。PyTorch 作为深度学习研究平台，为用户提供优秀的灵活性和效率。这种架构依托 GPU 加速器的算力，取代了传统 NumPy 软件的地位。另外一种主流的神经网络架构 TensorFlow 主要用于工业应用软件领域，这种数据流符号库（dataflow symbolic library）方式的架构在英特尔、超威（AMD）和高通等主流公司的产品设计中得到应用。TensorFlow 可以在 CPU、GPU 和 TPU 等类型的硬件平台上运行，支持包括 Python、C++、Java、JavaScript、GO 以及第三方软件包、C#语言、MATLAB、Julia、Scala、Rust OCaul 和 Crystal 等多种语言的调用。TensorFlow 可用于训练和推理计算。Keras 作为重要的后端平台计算工具，是一个对用户友好、可模块化组合、可扩展的软件包，也能够在 TensorFlow、Theano 和 Microsoft Cognitive Toolkits 等环境下运行，Keras 的兼容性可以帮助用户提高开发深度学习应用程序的效率。另外值得一提的是，TensorFlow 也支持 MATLAB 开发环境，MATLAB 作为知名的数值计算工具包，对神经网络深度学习以及其他相关应用的支持良好。各种神经网络框架如表 1.1 所示，可用客户端服务器模式将深度学习功能集成到 STEM 教育平台、LEGO Mindstorm EV3[①]和 Vex robotics 环境中。

表 1.1　神经网络框架

软　件	开发者	发布时间	平　台	接　口
TensorFlow	谷歌 Brian 团队	2015	Linux, macOS, Windows	Python, C++
Caffe	伯克利视觉与学习中心	2013	Linux, macOS, Windows	Python, C++, MATLAB
Microsoft Cognitive Toolkit	微软	2016	Linux, Windows	Python(Keras), C++, BrainScript
Torch	Ronan Collobert, Koray Kavukcuoglu, Clement Farabet	2002	Linux, macOS, Windows, iOS, Android	Lua, LuaJIT, C, C++
PyTorch	Adam Paszke, Sam Gross, Soumith Chintala, Gregory Chanan	2016	Linux, macOS, Windows	Python, C, C++, CUDA
MXNet	Apache 软件基金会	2015	Linux, macOS, Windows, AWS, iOS, Android	Python, C++, Julia, MATLAB, Javascript, Go, R, Scala, Perl, Clojure
Chainer	Preferred Networks	2015	Linux, macOS	Python
Keras	Francois Chollet	2015	Linux, macOS, Windows	Python, R
Deeplearning4j	Skymind 工程团队	2014	Linux, macOS, Windows, Android	Python(Keras), Java, Scala, Clojure, kotlin
MATLAB	MathWorks		Linux, macOS, Windows	C, C++, Java, MATLAB

这些框架支持训练和推理：

- 训练：将数据集导入到计算网络中，调整网络计算参数将期望输出和预测输出间的误差最小化。这种计算方法属于密集计算，采用浮点格式能提高准确度。一般用云计算或高性能计算（HPC）处理器承载网络的训练计算，用时在数小时到数百小时之间。

---

① Iain Law，Enoch Law 和 Oscar Law，乐高智能 AI 机器人。

- 推理：采用经过训练的神经网络模型计算预测结果。采用定点格式可以在几秒到一分钟左右得到预测的输出结果。可以通过修剪网络的连接和量化网络稀疏性得到优化的推理网络。
- 英伟达公司提供的统一计算设备架构（CUDA）体系可以支持各种主流的神经网络框架。这种体系充分发挥了 GPU 芯片强大的并行计算能力。

1.5 神经网络的比较

自从 2012 年出现 AlexNet 神经网络[1]后，业界开发了各种神经网络模型。与 AlexNet 相比，这些神经网络模型规模更大、分层更多、结构更复杂。这些神经网络的运行需要密集计算和高内存带宽的支持。图 1.7 至图 1.9 给出了各种神经网络模型在计算复杂度、模型效率①和内存利用率方面的对比[14,15]。

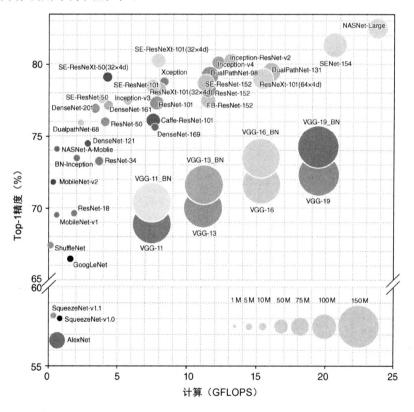

图 1.7 神经网络 Top-1 精度与计算复杂度

---

① 神经网络的 model efficiency 指的是神经网络模型在完成任务时所耗费的计算资源，包括计算时间、内存使用量、存储空间以及其他资源。客观的评测标准或者测试集可以是基于基准数据集的性能评测，也可以是基于某一特定应用的性能评测，例如计算机视觉任务中的图像分类任务。——译者注

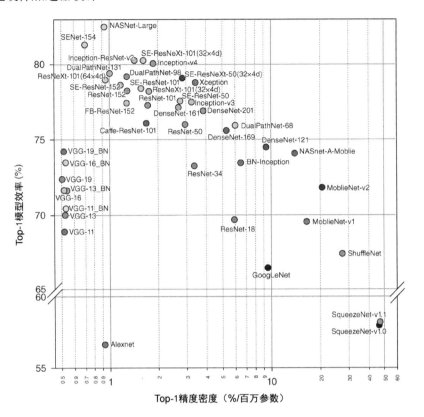

图 1.8 神经网络 Top-1 精度密度与模型效率

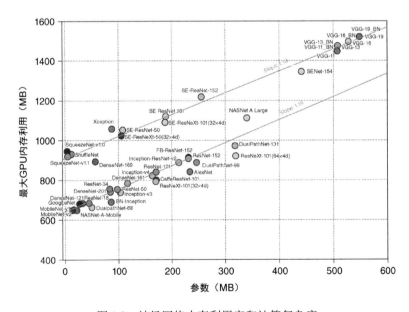

图 1.9 神经网络内存利用率和计算复杂度

为了提高计算效率,实现密集计算和支持高内存带宽,业界开发了新的深度学习硬件架构。为帮助读者了解设计深度学习加速器,特别是其关键技术和解决方案,下一章将介绍卷积神经网络（CNN）的基本知识。

思　考　题

1. 为什么深度学习方法比算法方法更好？
2. 深度学习如何影响汽车、金融、零售和医疗等行业？
3. 深度学习将如何影响未来十年的就业市场？
4. 神经网络（AlexNet、Clarifai、VGG-16、GoogleNet 和 ResNet 等）的哪些变化使其在图像分类方面优于人类？
5. 卷积神经网络与强化学习的最根本区别是什么？
6. 为什么人类害怕机器的崛起？
7. 训练和推理的不同要求是什么？
8. 为什么人们需要深度学习硬件？
9. 深度学习的未来发展方向是什么？

原著参考文献[①]

[1] Krizhevsky, A., Sutskever, I., and Hinton, G. E. (2012). *ImageNet Classification with Deep Convolutional Neural Network. NIPS.*

[2] Silver, D., Huang, A., Maddison, C. J. et al. (2016). Mastering the game of go with deep neural networks and tree search. *Nature*: 484－489.

[3] Strachnyi, K. (2019). Brief History of Neural Networks Analytics Vidhya, 23 January 2019 [Online].

[4] McCulloch, W. S. and Pitts, W. H. (1943). A logical calculus of the ideas immanent in nervous activity. *The Bulletin of Mathematical Biophysics* 5 (4): 115－133.

[5] Rosenblatt, F. (1958). The perceptron － a probabilistic model for information storage and organization in the brain. *Psychological Review* 65 (6): 386－408.

[6] Minsky, M. L. and Papert, S. A. (1969). *Perceptrons*. MIT Press.

[7] Hopfield, J. J. (1982). Neural networks and physical systems with emergent collective computational abilities. *Proceeding of National Academy of Sciences* 79: 2554－2558.

[8] LeCun, Y., Bottou, L., and Haffnrt, P. (1998). Gradient-based learning applied to document recognition. *Proceedings of the IEEE* 86 (11): 2278－2324.

[9] Russakobsky, O., Deng, J., and Su, H., et al. (2015). ImageNet Large Scale Visual Recognition Challenge. arXiv:1409.0575v3.

[①] 本书完整版参考文献可在华信教育资源网下载。

[10] Howard, A. G. (2013). Some Improvements on Deep Convolutional Neural Network Based Image Classification. arXiv:1312.5402v1.

[11] Simonyan, K. and Zisserman, A. (2014). Very Deep Convolutional Networks for Large- Scale Image Recognition. arXiv:14091556v6.

[12] Szegedy, C., Liu, W., Jia, Y., et al. (2015). Going deeper with convolutions. *IEEE Conference on Computer Vision and Pattern Recognition (CVPR)*, 1 – 9.

[13] He, K., Zhang, X., Ren, S., and Sun, J. (2016). Deep residual learning for image recognition. *IEEE Conference on Computer Vision and Pattern Recognition (CVPR)*, 770 – 778.

[14] Bianco, S., Cadene, R., Celona, L., and Napoletano, P. (2018). Benchmark Analysis of Representative Deep Neural Network Architecture. arXiv:1810.00736v2.

[15] Canziani, A., Culurciello, E., and Paszke, A. (2017). An Analysis of Deep Neural Network Models for Practical Applications. arXiv:1605.07678v4.

第 2 章　深度学习加速器的设计

从 LeNet 网络[2]演变而来的 AlexNet[1]①是经典的深度神经网络（DNN）。与 LeNet 网络相比，AlexNet 的网络层规模更大，包含的神经网络层更多，如图 2.1 所示，AlexNet 由 8 层组成，前 5 层分别为卷积层、非线性激活层、整流线性函数（ReLU）、压缩内核规模的最大池化层和提高计算稳定性的局部响应归一化（LRN）层，后 3 层是完成对象分类的全连接层（见图 2.2）。

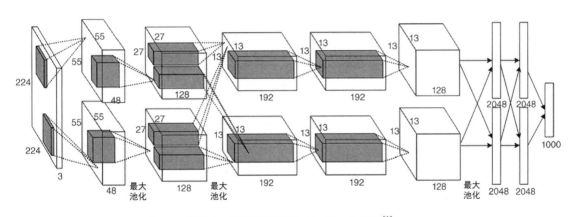

图 2.1　深度神经网络 AlexNet 的架构[1]

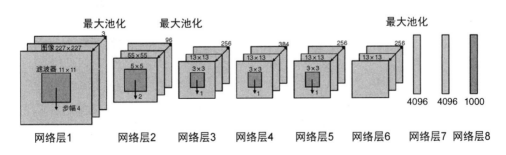

图 2.2　AlexNet 模型的网络层参数

为什么在图像分类领域 AlexNet 比 LeNet 能取得更好的结果？原因是 DNN 模型采用充分的计算深度将特征图[3]从简单特征图演变为完整特征图（见图 2.3）。在

---

① AlexNet 图像输入大小应为 227×227×3，而不是原始论文中的 224×224×3。

ILVSRC 竞赛中，具备更多深度层的 DNN 模型其准确度更好。这种模型的主要缺点是高算力（密集计算）[4]和高内存带宽。例如，DNN 模型中卷积计算 11 亿次，占用约 90%的算力。

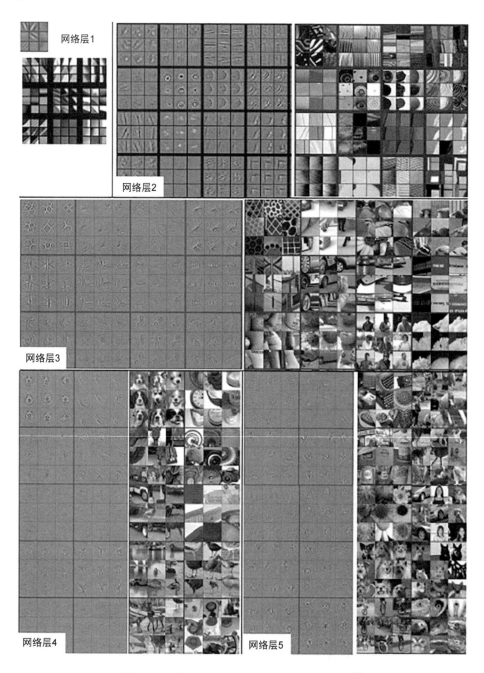

图 2.3　深度神经网络 AlexNet 的特征图演变[3]

2.1　神经网络的网络层

本节介绍通用的神经网络层函数[5-8]，包括卷积层、激活层、池化层、批量归一化层、丢弃层和全连接层等。

2.1.1　卷积层

卷积层负责特征提取。在卷积层内输入特征图（ifmap）与堆叠的滤波器权重（fmap）进行卷积计算，提取各个通道内数据的全部对象特征。如果存在多个输入特征图，则在调度上按批次处理，以提高滤波器权重的复用。输出的卷积计算结果称为输出特征图（ofmap）。实际应用中的神经网络硬件加载的网络模型卷积层远比这个过程复杂。在某些神经网络模型的处理过程中，引入了额外的偏置项（bias offset），用于增强神经网络模型的灵活性和表达能力，更好地拟合输入数据。这时在输入特征图的边缘增加额外的零元素，即在边缘过滤进行零填充（zero-padding），这不会导致特征图尺寸的减小（见图 2.4），反而可以提高神经网络模型的准确性和表现力。卷积计算定义为

$$Y = X \otimes W \tag{2.1}$$

$$y_{i,j,k} = \sum_{k=0}^{K-1}\sum_{m=0}^{M-1}\sum_{n=0}^{N-1} x_{si+m,sj+n,k} \times w_{m,n,k} + \beta_{i,j,k} \tag{2.2}$$

$$W' = \frac{(W - M + 2P)}{S} + 1 \tag{2.3}$$

$$H' = \frac{(H - N + 2P)}{S} + 1 \tag{2.4}$$

$$D' = K \tag{2.5}$$

其中，

$y_{i,j,k}$ 是在位置 i,j，第 k 个滤波器处，宽度 W'，高度 H'，深度 D' 的输出特征图；

$x_{m,n,k}$ 是在位置 m,n，第 k 个滤波器处，宽度 W，高度 H，深度 D 的输入特征图；

$w_{m,n,k}$ 是核大小为 M（垂直）和 N（水平）的第 k 个叠层滤波器权重；

β 是带有 n 个偏差的学习偏差；

P 是零填充大小；

S 是步幅大小。

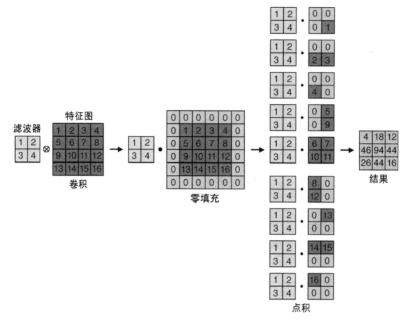

图 2.4 卷积函数

2.1.2 激活层

在卷积层或全连接层之后采用非线性激活层（也称为阈值函数）处理数据，在这个处理层纠正卷积层输出结果中的负值，负值代表不存在可提取的特征。实际应用的非线性激活函数有很多种，最常见的是整流线性函数（ReLU）。但是需要指出，这种纠正处理会在数据中引入网络稀疏性。

下面简要介绍 5 种常见的非线性激活函数，包括 Sigmoid 函数、双曲正切函数、整流线性函数、漏整流线性函数和指数线性函数等。

- Sigmoid 函数（S 型函数）将输出范围压缩在 0 和 1 之间，就像神经元突触被抑制和激活一样。
- 双曲正切函数与 sigmoid 函数相似，其范围介于 - 1 和 1 之间，以零为中心，以避免偏差偏移。
- 整流线性函数将负输出归零，使网络对噪声具有鲁棒性。ReLU 通过符号判定简化了硬件实现，但引入了网络稀疏性。
- 漏整流线性函数相当于最大输出函数。
- 指数线性函数提供额外的参数，并在零附近调整输出。

以上函数的公式如下，曲线图如图 2.5 所示。

S 型函数：

$$Y = \frac{1}{1 + e^{-x}}$$

（2.6）

双曲正切函数：

$$Y = \frac{e^x - e^{-x}}{e^x + e^{-x}} \tag{2.7}$$

整流线性函数：

$$Y = \max(0, x) \tag{2.8}$$

漏整流线性函数：

$$Y = \max(\alpha x, x) \tag{2.9}$$

指数线性函数：

$$Y = \begin{cases} x, & x \geqslant 0 \\ \alpha(e^x - 1), & x < 0 \end{cases} \tag{2.10}$$

其中，Y 是激活输出；

　　　x 是激活输入。

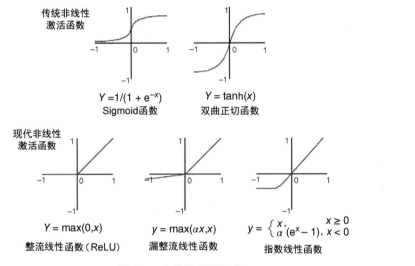

图 2.5　非线性激活函数

2.1.3　池化层

池化层可以降低特征图的维数，提高神经网络的鲁棒性，并弱化计算数据中小幅扰动或失真的影响，维持计算的稳定性。常见的池化函数有最大池化和平均池化两种方式（见图 2.6）。因为最大池化函数对输入特征图中的小特征也进行了区分，最大池化的处理性能优于平均池化。

$$\text{Max pooling } y_{i,j,k} = \max_{m,n \in R_{M,N}} \left(x_{m,n,k} \right) \tag{2.11}$$

$$\text{Average pooling } y_{i,j,k} = \frac{1}{(M \times N)} \sum_{m}^{M-1} \sum_{n}^{N-1} x_{si+m, sj+n, k} \tag{2.12}$$

$$W' = \frac{W - M}{S} + 1 \tag{2.13}$$

$$H' = \frac{H - N}{S} + 1 \qquad (2.14)$$

其中，

$y_{i,j,k}$ 是在位置 i,j,k 处的池化输出，宽度 W'，高度 H'；

$x_{m,n,k}$ 是在位置 m,n,k 处的池化输入，宽度 W，高度 H；

M,N 是宽度 M、高度 N 的池化大小。

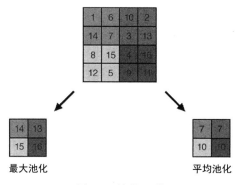

图 2.6　池化函数

2.1.4　批量归一化层

深度学习网络各网络层间的数据传输并不是直接传输，需要相应的接口适配，避免上下层输出输入时，影响数据协方差偏移，改变数据的统计分布，甚至影响预测精度。目前流行的神经网络中批量归一化（BN）已经取代了局部响应归一化（LRN）。LRN 是对数据的分布进一步缩放和转换，以改善神经网络的性能[①]。具体而言，批量归一化运算按照零均值和单位标准方差指标调整输入矩阵数据的失真。通过归一化和缩放，使网络对在权重初始化和协方差中存在的偏移更具鲁棒性，以更高的精度加速训练。

局部响应归一化：

$$b_{x,y}^{i} = \frac{a_{x,y}^{i}}{\left(k + \alpha \sum_{j=\max\left(0,\,i-\frac{n}{2}\right)}^{\min\left(N-1,\,i+\frac{n}{2}\right)}\left(a_{x,y}^{i}\right)^{2}\right)^{\beta}} \qquad (2.15)$$

其中，

$b_{x,y}^{i}$ 是位置 x,y 处的归一化输出；

$a_{x,y}^{i}$ 是位置 x,y 处的归一化输入；

α 是归一化常量；

β 是对比常量；

① LRN 通过计算每个神经元的输入和输出，并将其归一化到一定范围内来实现。这有助于防止神经网络中的过拟合，并且可以提高神经网络的准确性，进行统计上的缩放和分布搬移。——译者注

k 用于避免奇异性；

N 是通道数。

批量归一化：

$$y_i = \frac{x_i - \mu}{\sqrt[2]{\sigma^2 + \varepsilon}} \gamma + \alpha \tag{2.16}$$

$$\mu = \frac{1}{n} \sum_{i=0}^{n-1} x_i \tag{2.17}$$

$$\sigma^2 = \frac{1}{n} \sum_{i=0}^{n-1} \left(x_i - \mu\right)^2 \tag{2.18}$$

其中，

y_i 是深度为 n 处的批量归一化输出；

x_i 是深度为 n 处的批量归一化输入；

μ 和 σ 是在训练过程中收集的统计参数；

α, ε 和 γ，是训练环节得到的超参数。

2.1.5　丢弃层

在训练过程中，为防止对训练数据的过拟合，丢弃层随机忽略激活，以降低神经元的相关性（见图 2.7）。

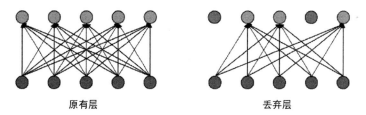

原有层　　　　　　　　　　丢弃层

图 2.7　丢弃层

2.1.6　全连接层

全连接层实现最终的对象分类。可以将全连接层看作没有权重共享的卷积层，复用卷积层进行计算，

$$y_i = \sum_{m=0}^{M-1} \sum_{n=0}^{N-1} w_{i,m,n} x_{m,n} \tag{2.19}$$

其中，

y_i 是位置 i 处的全连接输出；

$x_{m,n}$ 是全连接层的输入，宽度为 M，高度为 N；

$w_{i,m,n}$ 是输出 y_i 和输入 $x_{m,n}$ 之间的连接权重。

2.2 设计深度学习加速器所面临的挑战

设计深度学习加速器所面临的挑战如下：

● 输入数据量大：在 AlexNet 模型的第一个卷积层，输入的图像像素矩阵达 227×227×3，滤波器的权重矩阵规模达 11×11×3、步幅为 4 像素。采用 96 个滤波器[①]处理卷积计算，这种规模的卷积计算必须由高算力网络承载。如图 2.8 所示，如果要持续提高图像处理质量还需要进一步提高深度学习加速器的负载能力。

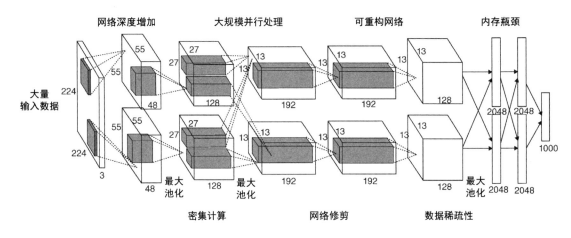

图 2.8 深度学习加速器所面临的挑战[1]

● 网络深度不断增加：AlexNet 只由 8 层组成。比 AlexNet 更先进的神经网络模型其计算深度显著增加（例如 ResNet-152 有 152 层）。训练更先进的模型耗时更多，例如从数小时增加到数百小时；推理响应时间也随之增加。

● 必须采用大规模并行处理：卷积计算消耗了 90%以上的算力[②]（参见表 2.1 中的 AlexNet 神经网络模型），需要采用大规模并行架构加速整体计算。传统的中央处理器（CPU）已不能满足此类计算要求。

● 需要支持可重构网络：深度学习的发展需要网络具备可重构性，以满足加载不同模型的需求。

● 内存瓶颈：高内存访问是深度学习领域另一个具有挑战性的话题。为了平衡计算和存储效率，研究人员设计了各种配套的内存方案，在此不再赘述。

● 密集计算：加速器在进行深度学习训练和推理计算时均采用浮点格式。为此需要

---

① AlexNet 卷积层中的滤波器负责计算卷积。功能是检测图像中的特征，例如边缘、纹理和形状。——译者注

复杂的加速器架构对数据进行处理，并且需要较长的时间。工业界普遍认为这种密集计算的效率还有较大的提升空间。

- 网络修剪：为形成有效的网络结构，剪除神经网络中未使用的连接，即删除滤波器权重矩阵中的零值或近零值。
- 数据稀疏性：为提高网络的整体性能，深度学习加速器须忽略无效的零计算。

表 2.1　AlexNet 神经网络模型

层名称	尺　　寸	滤波器	深度	步幅	填　充	参数数量	前向计算
Conv1+ReLU	3×227×227	11×11	96	4		(11×11×3+1)×96 = 34 944	(11×11×3+1)×96×55×55 = 105 705 600
最大池化	96×55×55	3×3		2			
归一化	96×27×27						
Conv2+ReLU		5×5	256	1	2	(5×5×96+1)×256 = 614 656	(5×5×96+1)×256×27×27 = 448 084 224
最大池化	256×27×27	3×3		2			
归一化	256×13×13						
Conv3+ReLU		3×3	384	1	1	(3×3×256×1)×384 = 885 120	(3×3×256×1)×384×13×13 = 14 958 280
Conv4+ReLU	384×13×13	3×3	384	1	1	(3×3×384+1)×384 = 1 327 488	(3×3×384+1)×384×13×13 = 224 345 472
Conv5+ReLU	384×13×13	3×3	256	1	1	(3×3×384+1)×256 = 884 992	(3×3×384+1)×256×13×13 = 149 563 648
最大池化	256×13×13	3×3		2			
丢弃（比率 0.5）	256×6×6						
FC6+ReLU						256×6×6 = 37 748 736	256×6×6×4 096 = 37 748 736
丢弃（比率 0.5）	4096						
FC7+ReLU						4 096×4 096 = 16 777 216	4 096×4 096 = 16 777 216
FC8+ReLU	4096					4 096×1000 = 4 096 000	4 096×1000 = 4 096 000
1000 种类别							
共计						623 691 52 = 62.3 million	1 135 906 176 = 1.1 billion
						卷积：3.7 百万（6%）	卷积：10.8 亿（95%）
						全连接：58.6 百万（94%）	全连接：58.6 百万（5%）

思　考　题

1. 为什么深度学习模型通常都包含卷积层？
2. 用于卷积计算的最佳滤波器尺寸是多少？
3. 为什么浮点计算的成本昂贵？
4. 在计算中，补零的作用是什么？
5. 滑动窗口（步幅）的作用是什么？

6. 非线性激活函数是如何工作的？

7. 整流线性函数（ReLU）的缺点是什么？

8. 为什么最大池化比平均池化的应用更广？

9. 批量归一化方法和局部响应归一化方法之间的区别是什么？

10. 如何修改卷积层以获得完全连接的卷积层？

原著参考文献

[1] Krizhevsky, A., Sutskever, I., and Hinton, G. E. (2012). *ImageNet Classification with Deep Convolutional Neural Network. NIPS.*

[2] LeCun, Y., Kavukcuoglu, K., and Farabet, C. (2010). Convolutional networks and applications in vision. *Proceedings of 2010 IEEE International Symposium on Circuits and Systems,* 253－256.

[3] Zeiler, M. D. and Fergus, R. (2013). Visualizing and Understanding Convolutional Networks. arXiv: 1311.2901v3.

[4] Gao, H. (2017). A walk- through of AlexNet, 7 August 2017 [Online].

[5] 邱锡鹏，"神经网络与深度学习(2019). Neural Networks and Deep Learning, github [Online].

[6] Alom, M. Z., Taha, T. M., Yakopcic, C., et al. (2018). The History Began from AlexNet: A Comprehensive Survey on Deep Learning Approaches. arXiv:803.01164v2.

[7] Sze, V., Chen, Y.- H., Yang, Y.- H., and Emer, J.S. (2017). Efficient processing of deep neural networks: a tutorial and survey. Proceedings of the IEEE 105 (12): 2295－2329.

[8] Abdelouahab, K., Pelcat, M., Serot, J., and Berry, F. (2018). Accelerating CNN Inference on FPGA: A Survey. arXiv:1806.01683v1.

第 3 章　人工智能硬件加速器的并行结构

本章介绍英特尔 CPU、英伟达 GPU、谷歌 TPU（Tensor Processing Unit，张量处理器）和微软 NPU（Neural Processing Unit，神经处理器）等常见的并行处理架构。英特尔 CPU 专为通用计算而设计，英伟达 GPU 专为图形处理而设计。这两种处理架构都采用了新的内存结构以支持深度学习应用软件的运行。无论是面向应用的定制版加速器、还是谷歌 TPU 和微软 NPU 等商业加速器都采用新架构处理深度学习的计算应用。

3.1　英特尔中央处理器（CPU）

中央处理器（CPU）的传统任务是通用计算。近年来，CPU 从单指令单数据（SISD）体系结构发展到单指令多数据（SIMD）体系结构，以支持并行处理。然而，CPU 无法通过多内核和多线程方法来实现深度学习的大规模并行处理要求。为支持深度学习应用程序，2017 年，英特尔发布了新的 Xeon 处理器可扩展系列[1-3]（Purley 平台），其性能参数见表 3.1。

表 3.1　英特尔 Xeon 处理器系列比较

特性	英特尔 Xeon ES2600 处理器系列	英特尔 Xeon 可扩展处理器系列
平台	Grantley	Purley
CPU TDP	55-145W,160W 仅 WS	45-205W
Socket	Socket R3	Socket P
可扩展性	2S	2S，4S，8S
内核	配置最高可达 22 个处理核，Intel HT 环境	配置最高可达 28 个处理核，Intel HT 环境
中级缓存	256 KB 私有缓存	1 MB 私有缓存
末级缓存	高达 2.5 MB/核（包含）	高达 1.375 MB/核（不包含）
内存	每颗 CPU 支持 4 通道 DDR4 内存，RDIMM，LRDIMM 1DPC = 2400，2DPC = 2400，3DPC = 1866	每颗 CPU 支持 6 通道 DDR4 内存 RDIMM，LRDIMM 2DPC = 2133，2400，2666，不支持 3DPC
点对点连接	Intel QPI：最大通道数为 2；CPU 最高速度为 9.6 GT/s	Intel UPI：最大通道数为 2～3；CPU 最高速度为 9.6～10.4 GT/s
PCIe	PCIe 3.0(2.5,5.0,8.0 GT/s)40 lanes/CPU	PCIe3.0(2.5,5.0,8.0GT/s) 每颗 CPU 48 lanes，Bifunction 支持：×16,×18,×4
PCH	Wellsburg DM12-4 lanes，6×USB3，8×USB2 10×SATA3，GbE MAC（外部 PHY）	Lewisburg DM13-4 lanes，14×USB2，10×USB3 14×SATA3，20×10GbE
外部控制器	无	第三方节点控制器

- 在 2.5 GHz 工作时钟下，每个插槽支持 28 个物理内核（56 个线程）板卡，并且在 turbo 模式下可以超频到 3.8 GHz 工作时钟；
- 6 个内存通道支持速率可达 1.5 Tb/s 的 2.666 GHz DDR4 内存；
- 1 MB 专用缓存（二级缓存）和 38.5 MB 共享缓存（三级或末级缓存 - LLC）；
- 以 3.57 TFLOPS（FP32）的速度运行，每个插槽支持最高算力 5.18 TOPS（INT8），整体 41.44 TOPS（INT8）；
- 矢量引擎支持 512 位宽的融合乘法-加法（FMA）指令。

其增强功能包括：

- Skylake（天湖网状架构）
- 英特尔超路径互连（UPI）
- 子非统一内存访问集群（SNC）
- 缓存架构的调整
- 低精度算术运算
- 高级矢量软件扩展[①]
- 深度神经网络的数学内核库（MKL-DNN）

Xeon 处理器在 31 分钟内完成 ResNet-50 模型[②]的训练，在 11 分钟内完成 AlexNet 模型的训练，均创造了新的历史纪录。与上一代 Xeon 处理器相比，ResNet-18 模型在 Intel Neon[TM] 框架下的训练吞吐量提高 2.2 倍，推理吞吐量提高 2.4 倍。

3.1.1 天湖网状架构

英特尔 Xeon 处理器（Grantley 平台）采用英特尔快速路径互连（QPI）环结构（见图 3.1）连接 CPU 内核、末级缓存（LLC）、内存控制器、I/O 控制器和其他外设电路。随着内核数量的增加，内存访问延迟随之增加，导致每个 CPU 内核的可用带宽减少。为解决处理核带宽减少的问题，英特尔引入了第二个处理环路，处理器架构分成两部分，以提高性能[③]。然而，单核处理器的通信任务占用了架构的整个路径，导致处理的高延迟。为解决延迟和带

---

① 第二代 Intel Xeon 可扩展系列中的新矢量神经网络指令（VNNI）。

② ResNet-50 是一种深度卷积神经网络（DCNN），用于图像分类和识别。包含 50 个残差网络，ResNet-50 可以用于训练集，也可以用于模型。训练集是使用 ResNet-50 的数据集，而模型采用 ResNet-50 的神经网络。残差神经网络（Residual Neural Network，RNN）是一种深度学习技术，在深度神经网络中引入了"残差"的概念，以便让网络更好地学习复杂的模型。残差神经网络的主要目的是，解决深度神经网络中的"梯度弥散"问题，这是一个非常重要的问题，因为它可能导致神经网络无法准确地学习复杂的模型。残差神经网络可以帮助解决这个问题，从而使神经网络能够准确地学习复杂的模型。——译者注

③ 将处理器架构分成两部分可以提高性能的原因如下：首先，随着内核数量的增加，内存访问延迟增加会导致每个 CPU 内核的可用带宽减少。将处理器架构分成两部分后，每个处理环路可以独立处理一部分内核，并连接到独立的内存控制器和 I/O 控制器，从而有效地提高了可用带宽。每个处理环路可以使用独立的内存通道和 I/O 通道，减少了对共享资源的竞争，从而提高了系统吞吐量。其次，通过使用多个处理环路，可以将处理器内核分散到多个环路中，从而减少单个处理环路中的内核数量。这使得每个处理环路中的内核可以更好地共享缓存和其他资源，从而减少竞争和冲突，提高性能。此外，将处理器架构分成两部分后，还可以通过使用独立的内存通道和 I/O 通道来提高系统的可靠性和容错能力。因此，将处理器架构分成两部分后，可以提高系统的带宽、吞吐量、可靠性和容错能力，从而提高系统性能。——译者注

宽问题，英特尔在可扩展 Xeon 处理器（Purley 平台）上将互连结构升级至英特尔超路径互连（UPI）网状结构。缓存和归属代理（Home Agent）集成在一起，形成新的组合归属代理（Combined Home Agent，CHA），以解决内存瓶颈问题。CHA 将地址映射到相应的 LLC 存储体、内存控制器和 I/O 控制器，采用网状互连为目标内存提供路由信息（见图 3.2）。

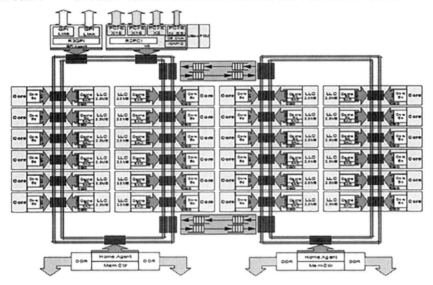

图 3.1　英特尔 Xeon ES 2600 系列处理器 Grantley 平台环结构[3]

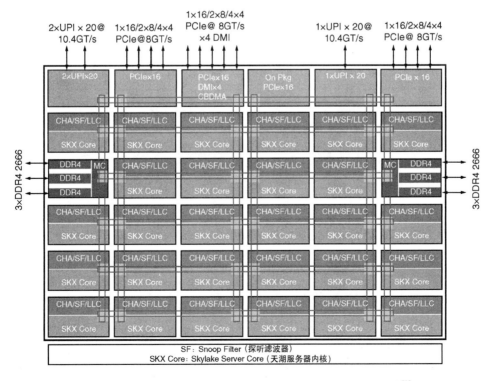

图 3.2　英特尔 Xeon 可扩展系列处理器 Purley 平台网状结构[3]

3.1.2 英特尔超路径互连（UPI）

新的英特尔 UPI 实现多处理器内核共享访问地址的一致性互连结构，允许从一个内核横向传输到另一个内核的数据选择最短的垂直或水平路径。如图 3.3 至图 3.6 所示，可以采用两插槽配置、四插槽环形配置、四插槽交叉配置和八插槽配置实现英特尔 UPI 的处理核连接。英特尔 UPI 采用新的信息分包格式以 10.4 GT/s 的速度提供多重数据传输。

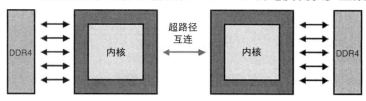

图 3.3　两插槽配置

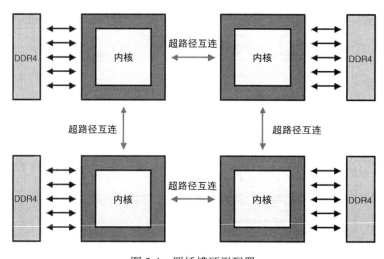

图 3.4　四插槽环形配置

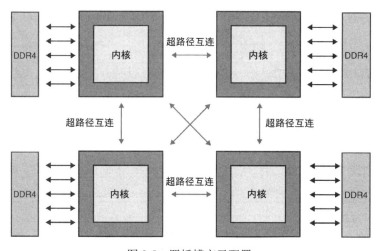

图 3.5　四插槽交叉配置

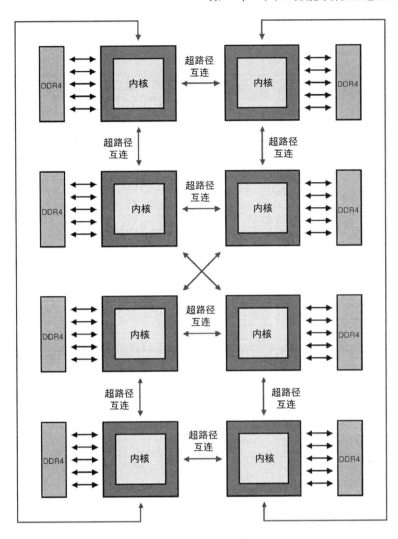

图 3.6 八插槽配置

3.1.3 子非统一内存访问集群（SNC）

子非统一内存访问集群（SNC）将 2 个本地化域关联在一起。给 SNC 分配同一插槽中的内存控制器可访问的唯一 LLC 地址。与之前的 SNC 设计相比，这种 SNC 的设计显著降低了远程访问内存和末级缓存（LLC）的延迟。与 SNC 模式不同，所有远端 CPU 插槽在 LLC 存储体间的地址中均匀分配，应用大型 LLC 存储体提高了总体效率。

由 SNC 域 0 和 SNC 域 1 实现双域配置。每个配置域支持一半的处理器内核、一半的 LLC 存储体和一个 3 通道的 DDR4 内存控制器。系统可以按照最佳性能原则调度任务并分配内存（见图 3.7）。

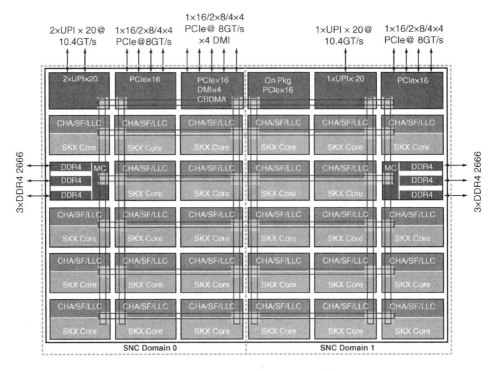

图 3.7　子非统一内存访问群域[3]

3.1.4　缓存架构的调整

新的英特尔可扩展 Xeon 处理器提供了 1 MB 专用中级缓存（MLC）和 1.375 MB 末级缓存（LLC）（见图 3.8），显著提高了命中率（Hit Rate），降低了内存延迟和网状互连需求①。与图中左侧所示的包容性共享 LCC②相比，这种分离配置的 MLC 和 LLC 结构提高了缓存利用率。如果出现未命中事件，从内存中将目标数据搬移到 MLC 中，如果预期目标数据在后续计算中会重复使用，则将目标数据保留在 LLC 中。

与之前的版本不同，英特尔可扩展 Xeon 处理器将数据复制到 MLC 和 LLC 存储体。由于 LLC 的非包容性，探听滤波器（Snoop filter）会跟踪 LLC 存储体中没有缓存行时的缓存行信息。

---

① 通过提供更大的专用中级缓存（MLC）和末级缓存（LLC），以及改进内存控制器和缓存一致性机制，新的处理器可以显著提高命中率。这将减少 CPU 从内存读取数据的需求，从而可能在某些情况下减小内存延迟和网状网规模。然而，内存延迟和网状网的大小和复杂性受到许多因素的影响，包括内存类型、总线速度、内存带宽、操作系统和应用程序等。因此，不能保证新的处理器能够在所有情况下降低内存延迟和减小网状网规模。——译者注

② Inclusive Shared LCC 是一种共享缓存架构，它包括一个大的 LCC，多个更小的 MLC，并且所有的缓存都可以被 LCC 包含。这种架构下，数据可以在 LCC 和 MLC 之间流动，这样可以减小总体缓存大小，并且提高缓存命中率。相对于其他类型的 LCC，Inclusive Shared LCC 能提供更高的性能，并且可以更好地利用缓存，从而降低内存延迟和网状互连需求。——译者注

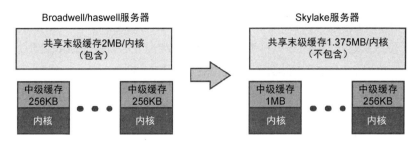

图 3.8　缓存层次结构比较

3.1.5　单/多插槽并行处理

在高速超路径互连（UPI）和 sub-NUMA 集群机制的支持下，可以有效地将插槽和内核划分为单独的计算单元[4]，各个计算单元运行不同的深度学习训练/推理（调用工作进程），实现并行计算（见图 3.9）。工作进程分配给单个或多个插槽上的一组内核和本地内存。与 1 个线程（worker/node）相比，4 个线程（workers/nodes）的总体性能显著提高（见图 3.10）。

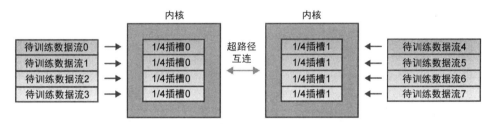

图 3.9　英特尔多插槽并行处理

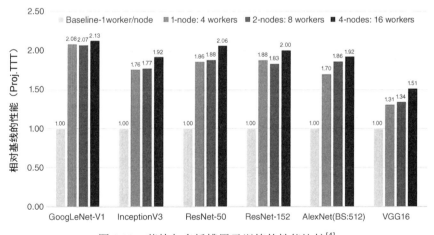

图 3.10　英特尔多插槽用于训练的性能比较[4]

3.1.6　高级矢量软件扩展

英特尔高级矢量扩展 512（Intel AVX-512）指令支持两个浮点融合乘法-加法（FMA）

单元。这些指令支持较低精度的数字（8 位和 16 位）相乘，并转换为更高精度的数字（32 位）。例如，8 位（VPMADDUBSW+VPMADDWD+VPADDD）的 FMA 处理需要 3 个时钟周期，16 位（VPMADDWD+VPADDD）的 FMA 处理需要 2 个时钟周期。如果采用 Intel AVX-512_VNNI 矢量神经网络指令[5]可以简化 FMA 运算，8 位（VDDPBUSD）和 16 位（VPDPWSSD）指令都可以在一个时钟周期内完成乘法和加法运算（见图 3.11 和 3.12）。

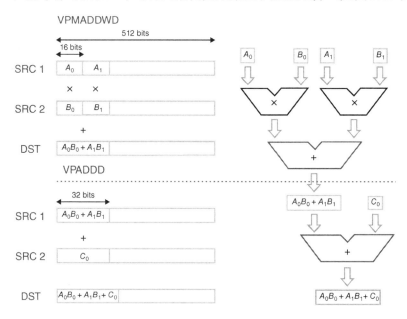

图 3.11　Intel AVX-512 的 16 位融合乘法-加法运算（VPMADDWD+VPADDD）

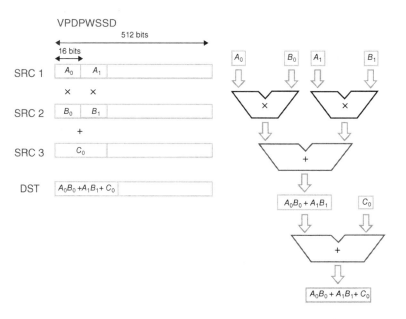

图 3.12　Intel AVX-512 带矢量神经网络指令的 16 位融合乘法-加法运算（VPDPWSSD）

英特尔新的 AVX-512 指令进一步扩展了 256～512 位的运算。AVX512DQ 指令增强了双字/四字整数和浮点向量化（即 16 个 32 位或 8 个 64 位元素），消除了额外的加载/存储操作，以加快运行。AVX512BW 指令支持字节/字算术运算和屏蔽[①]。AVX-512 指令也称为矢量长度扩展，最大支持 512 位宽的指令集，可以在 128 位或 256 位上执行，AVX-512 指令充分借鉴了既有的 XMM（128 位 SSE）寄存器和 YMM（256 位 AVX）指令集。

Intel AVX-512 的特性如下所示：

- 两条 512 位 FMA 指令
- 矢量神经网络指令（VNNI）支持
- 512 位浮点和整数运算
- 32 个寄存器
- 8 个屏蔽寄存器
- 64 位单精度和 32 位双精度触发器/周期（带有 2 个 512 位 FMA）
- 32 位单精度和 16 位双精度触发器/周期（带有 1 个 512 位 FMA）
- 嵌入式舍入
- 嵌入式广播
- Scale/SSE/AVX 类型的"指令提升"
- 原生媒体字节/字添加（AVX512BW）
- 高性能计算双字/四字加法（AVX512DQ）
- 数学超越支撑（如 π）
- 聚集/分散

3.1.7　深度神经网络的数学内核库（MKL-DNN）

"英特尔深度神经网络的数学内核库"（Intel MKL-DNN）针对深度学习所需的基本函数（原语级别）进行了优化。这个内核库包括内积、卷积、池化（最大值、最小值、平均值）、激活（归一化指数函数 Softmax、整流线性函数 ReLU）和批量归一化等功能，支持预缓存、数据复用、缓存锁存、数据布局、矢量化和寄存器锁存的实现。预缓存和数据复用避免对相同数据多次获取，以减少内存访问；缓存锁存将数据块放入缓存，最大限度地提高计算效率；数据布局在内存中连续排列数据，以避免循环操作期间不必要的数据收

---

① 在计算机中，屏蔽（Masking）是指使用一个掩码（Mask）来选择哪些数据或操作需要被执行，而哪些数据或操作则被忽略或跳过。在 AVX512BW 指令中，屏蔽可以用于字节或字的算术运算，以便只对选定的字节或字执行操作，而不影响其他字节或字。这种屏蔽功能提高了运算的灵活性和效率，同时减少了不必要的数据传输和处理，从而提高了程序的性能和效率。——译者注

集/分散。提供更好的缓存利用率，并改进了预缓存操作；矢量化将外循环维度限制为单指令多数据（SIMD）宽度的倍数，将内循环维度限制为 SIMD 宽度组的倍数，以便进行有效计算。在优化的 MKL-DNN 的支持下，英特尔 Xeon 可扩展处理器（Intel Xeon 铂金 8180 处理器）的整体训练和推理能力明显优于其前身（英特尔 Xeon 处理器 ES-2699 v4）（见图 3.13）。

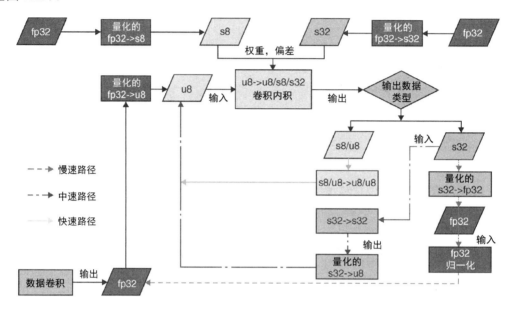

图 3.13　英特尔低精度卷积

英特尔近期推出了更新版本的 Intel MKL-DNN，增加了对低精度推理运算的支持[6]。新版本 Intel MKL-DNN 中的 8 位卷积计算采用无符号 8 位格式（u8）激活和有符号 8 位格式（s8）权重，提升了推理过程的整体计算效率；在神经网络的训练环节，更新版本的 Intel MKL-DNN 仍然采用 32 位浮点格式执行卷积计算，以获得更好的精度。这种对训练和推理采取不同格式进行卷积计算的方法，兼顾了数值精度的要求和功耗的代价。

　　量化过程将非负激活和权重的数据格式从 32 位浮点格式转换为有符号 8 位整数格式。首先计算激活和权重的量化转换结果：

$$R_x = \max\left(\mathrm{abs}\left(x\right)\right) \tag{3.1}$$

$$R_w = \max\left(\mathrm{abs}\left(w\right)\right) \tag{3.2}$$

$$Q_x = \frac{255}{R_x} \tag{3.3}$$

$$Q_w = \frac{255}{R_w} \tag{3.4}$$

其中，

　　R_x 是激活 x 的最大值；

R_w 是权重 w 的最大值；

Q_x 是激活 x 的量化因子；

Q_w 是权重 w 的量化因子。

计算后的量化激活 x、权重 w 和偏差 b 取整为最接近的整数值：

$$a \cdot x_{u8} = \left\| Q_x x_{fp32} \right\| \quad \in \left[0,255\right] \tag{3.5}$$

$$w_{s8} = \left\| Q_w w_{fp32} \right\| \quad \in \left[-128,127\right] \tag{3.6}$$

$$b_{s32} = \left\| Q_x Q_w b_{fp32} \right\| \quad \in \left[-2^{31}, 2^{31}-1\right] \tag{3.7}$$

其中，

x_{u8} 是无符号 8 位整数格式的激活；

x_{fp32} 是 32 位浮点格式的激活；

w_{s8} 是有符号 8 位整数格式的权重；

w_{fp32} 是 32 位浮点格式的权重；

b_{s32} 是有符号 32 位整数格式的偏差；

$\|\ \ \|$ 是取整运算符。

然后采用 8 位乘法器和 32 位累加器进行整数计算，并取整得到近似结果：

$$y_{s32} = w_{s8} x_{u8} + b_{s32} \tag{3.8}$$

$$y_{s32} \approx Q_x Q_w \left(w_{fp32} x_{fp32} + b_{fp32} \right) \tag{3.9}$$

$$y_{s32} \approx Q_x Q_w y_{sp32} \tag{3.10}$$

其中，

y_{s32} 是 32 位有符号整数格式的输出；

x_{fp32} 是 32 位浮点格式的激活；

w_{fp32} 是 32 位浮点格式的权重；

b_{fp32} 是 32 位浮点格式的偏差。

这种对不同算子采取不同精度规格的计算极大地简化了硬件设计，实现了全程高精度计算相似的精度范围。浮点格式的输出可以由反量化因子 D 获得：

$$y_{fp32} = w_{fp32} x_{fp32} + b_{fp32} \tag{3.11}$$

$$y_{fp32} = \frac{1}{Q_x' Q_w} y_{s32} \tag{3.12}$$

$$y_{fp32} = D y_{s32} \tag{3.13}$$

$$D = \frac{1}{Q_x Q_w} \tag{3.14}$$

其中，

y_{fp32} 是 32 位浮点格式的输出；

D 是反量化因子。

修改为支持负值格式的激活

$$R_{x'} = \max\left(\text{abs}\left(x'\right)\right) \tag{3.15}$$

$$Q_{x'} = \frac{255}{R_{x'}} \tag{3.16}$$

其中，

x'是一个负值的激活；

$R_{x'}$是激活的最大值；

$Q_{x'}$是激活的量化因子。

经过以上运算，激活和权重的值发生了改变，

$$x_{s8} = Q_{x'}x_{fp32} \quad \in \left[-128, 127\right] \tag{3.17}$$

$$x_{u8} = \text{shift}\left(x_{s8}\right) \in \left[0, 255\right] \tag{3.18}$$

$$b'_{fp32} = b_{fp32} - \frac{\text{shift}\left(W_{fp32}\right)}{Q_{x'}} \tag{3.19}$$

$$w_{s8} = Q_w w_{fp32} \quad \in \left[-128, 127\right] \tag{3.20}$$

$$b'_{s32} = Q_{x'}Q_w b'_{fp32} \quad \in \left[-2^{31}, 2^{31}-1\right] \tag{3.21}$$

其中，

b'_{s32}是支持负激活的 32 位有符号整数格式的偏差；

b'_{fp32}是支持负激活移位的 32 位浮点格式的偏差，这种负激活移位执行左移操作以放大数字。

使用相同的 8 位乘法器和 32 位累加器，计算定义为

$$y_{s32} = w_{s8}x_{u8} + b'_{s32} \tag{3.22}$$

$$y_{s32} \approx Q_{x'}Q_w\left(w_{fp32}x_{fp32} + b_{fp32}\right) \tag{3.23}$$

$$y_{s32} \approx Q_{x'}Q_w y_{fp32} \tag{3.24}$$

采用式（3.11）～式（3.14）的反量化公式计算浮点格式的输出：

$$y_{fp32} = w_{fp32}x_{fp32} + b_{fp32} \tag{3.11}$$

$$y_{fp32} = \frac{1}{Q_{x'}Q_w}y_{s32} \tag{3.12}$$

$$y_{fp32} = Dy_{s32} \tag{3.13}$$

$$D = \frac{1}{Q_{x'}Q_w} \tag{3.14}$$

由于英特尔 MKL-DNN 的低数值精度计算，训练和推理过程所处理的数据吞吐量比

前一代处理器提升了两倍。优化软件不仅极大地提高了系统的整体性能，而且降低了整体功耗（见图 3.14 和图 3.15）。

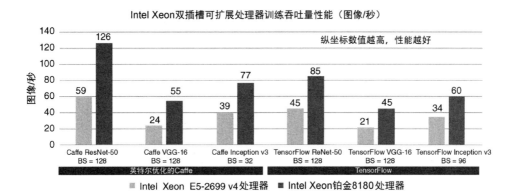

图 3.14　英特尔 Xeon 处理器训练吞吐量比较[2]

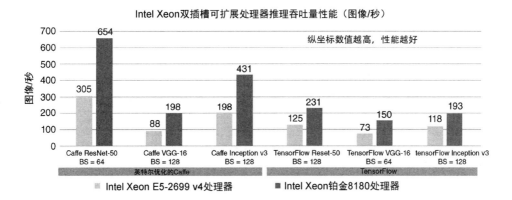

图 3.15　英特尔 Xeon 处理器推理吞吐量比较[2]

3.2　英伟达图形处理器（GPU）

如图 3.16 所示，英伟达图形处理器（GPU）采用浮点格式处理数据的计算，配合高速内存的采用，推动了其 GPU 产品在深度学习领域（如图像分类、语音识别和自动驾驶车辆等）的广泛应用。新的图灵体系结构[7]将 GPU 的深度学习的训练和推理过程所需的算术运算速度提高到 14.2 TFLOPS（FP32），HBM2（第二代高带宽内存）的高速NVLink2，带宽为 900 Gb/s。硬件加速器进一步提高了图灵多进程业务的整体性能。英伟达新的神经图形框架 NGX[TM] 和 NGX DLSS（深度学习超级样本）加速并优化了图形、渲染的处理和其他高算力应用程序（见表 3.2）。

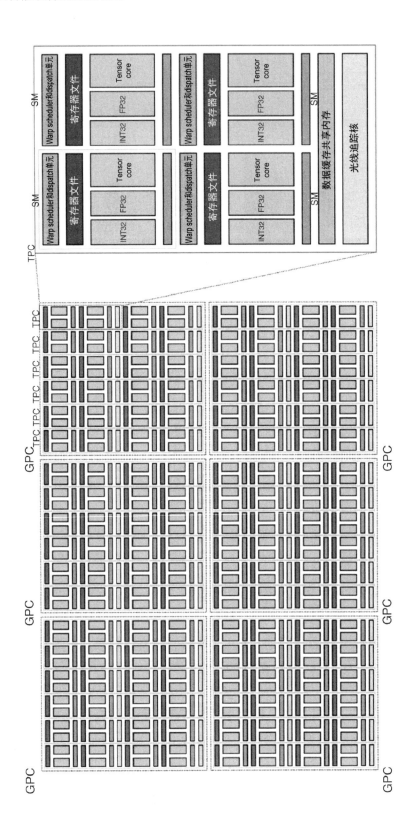

图 3.16 英伟达 GPU 图灵体系架构

表 3.2　英伟达 GPU 架构比较

GPU	Tesla P100	Tesla V100	Tesla TU102
架构	Pascal	Volta	Turing
GPC	6	6	6
TPC	28	40	34
SM	56	80	68
CUDA 核/SM	128	128	64
CUDA 核/GPU	3584	5120	4352
Tensor core/SM	NA	8	8
Tensor core/GPU	NA	640	544
RT 核	NA	NA	68
时钟（MHz）	1480	1530	1350

图灵（Turing）架构的 TU102 GPU（GeForce RTX-2080）具有如下特点：

- 包含 6 个图形处理集群（GPC）；
- 每个 GPC 都有纹理处理集群（TPC），每个 TPC 有 2 个流式多处理器（SM）；
- 总计 34 个 TPC 和 68 个 SM；
- 每个流式多处理器（SM）有 64 个 CUDA 核、8 个张量计算核心（Tensor Core）和 68 个光线追踪（Ray Tracing，RT）核；
- GPU 时钟频率：1350MHz；
- 单精度（FP32）的性能为 14.2 TFLOPS（FP32）；
- 半精度（FP16）的性能为 28.5 TFLOPS[①]；
- 14.2 TIPS（每秒百万条指令）通过独立的整数执行单元与 FP（Floating Point，浮点）并发；
- 113.8 张量 TFLOPS。

图灵体系结构增加了专门处理整数格式数据的通路，可以处理 INT32 和 FP32 混合精度的数据。这避免了与浮点格式数据混合处理时出现停顿，在时序上发生通路阻塞的问题，另外图灵体系结构还引入了统一"共享内存"体系结构，64 KB"共享内存"不仅提高了内存的命中率（hit rate），还充分利用了外部资源。当"共享内存"未充分利用时，一级缓存将提供更大的存储空间。这等效于增加了 2 倍的内存带宽和 2 倍的一级缓存容量。这种"共享内存"体系结构在 Pascal 架构[8]、Volta 架构[9]和图灵（Turing）架构的 GPU 系统中（见图 3.17）都得到应用，它显著提升了 GPU 的处理性能。

---

① 在计算机中，精度通常指数值运算结果的准确性。全精度（Full Precision）和半精度（Half Precision）是计算机中两种常用的浮点数表示方式，通常用来表示浮点数的位数和精度。全精度通常指 32 位浮点数（Floating Point），也称为单精度（Single Precision），其中符号位占 1 位，指数位占 8 位，尾数位占 23 位。全精度浮点数的精度相对较高，能够表示非常大和非常小的数字，但是相应地需要更多的存储空间和计算量。——译者注

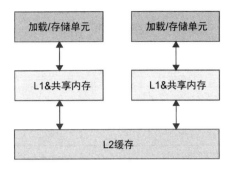

图 3.17 英伟达 GPU 共享内存

3.2.1 张量计算核心架构

与 Pascal 的内核同步多线程（SMT）机制（例如 GTX 1080）不同，张量计算核心（Tensor Core）在执行 4×4×4 矩阵乘法-累加（MAC）运算时，采用同步多线程（SMT）方法同时完成 2 个矩阵的逐行相乘。Tensor Core 采用 FP32 乘积执行 FP16 乘法，然后采用 FP32 加法和 Psum 进行累加。如图 3.18 和图 3.19 所示，英伟达的 GPU 提高了 FP16（8×）、INT8（16×）和 INT4（32×）运算的整体性能。[①]

$$D = A \times B + C$$

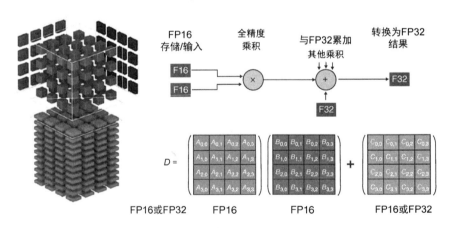

图 3.18 张量计算核心 4×4×4 矩阵运算[9]

---

① Pascal 内核（例如 GTX 1080）的 SMT 机制和 Tensor Core 的 SMT 机制有所不同。GTX 1080 的 SMT 机制是指它可以同时执行多种任务，这种机制使得单个 GPU 可以实现更高的性能，而不必拆分任务。SMT 允许 GPU 在单个时钟周期内同时执行多个线程，从而在单个 GPU 上实现更高的性能；Tensor Core 的 SMT 机制是一种特殊的 SMT 机制，用于深度学习和机器学习任务。它可以同时处理多个数学运算，如矩阵乘法和卷积运算，从而大大加快深度学习和机器学习应用的运行速度。Tensor Core 的 SMT 使用自定义的数学运算（如 FP16 和 INT8）来实现更高的性能，而不会影响准确性。——译者注

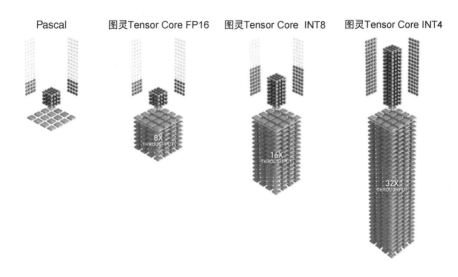

图 3.19　图灵张量计算核心性能[7]

对于 16×16 的矩阵乘法计算[10]，先将矩阵分成 8 个线程组，每组包含 4 个线程。每组按照 4 组指令进行 8×4 的乘法计算。通过 8 组计算，创建 16×16 规模的矩阵结果（见图 3.20）。

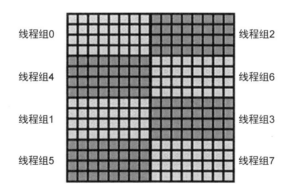

图 3.20　矩阵 *D* 线程组索引

对图 3.21 中的矩阵运算，首先将矩阵 *A* 和 *B* 分成多个集合，然后顺序执行指令集 0、指令集 1、指令集 2 和指令集 3。最后得到如图 3.21 所示的矩阵 *D* 的 4×8 个正确结果。

图灵体系结构不仅支持 16×16×16 混合精度矩阵乘法-累加（MAC），还提供了 32×8×16 和 8×32×16 的配置，使得不同规模的矩阵计算更易行（如图 3.22 所示）。

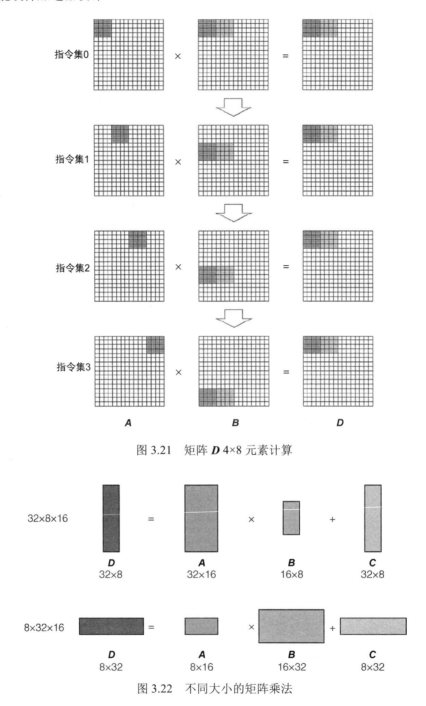

图 3.21　矩阵 D 4×8 元素计算

图 3.22　不同大小的矩阵乘法

3.2.2　维诺格拉德变换

维诺格拉德变换（Winograd Transform）[11,12]可以降低卷积计算的复杂度，这种变换实际上采用了传统的有限冲激响应（FIR）滤波算法，即 r 抽头的一维数字滤波结构，其

滤波器系数来自 r 个抽头，得到 m 个输出。$F(m,r)$规格的 FIR 滤波器，需要 $m+r-1$ 次乘法计算得到输出。下面介绍维诺格拉德一维（1D）变换的 $F(2, 2)$ 和 $F(2, 3)$ 的计算，维诺格拉德变换 $F(2, 2)$ 的定义如下：

$$F\left(2,2\right)=\begin{bmatrix} d_0 & d_1 \\ d_1 & d_2 \end{bmatrix}\begin{bmatrix} g_0 \\ g_1 \end{bmatrix} \tag{3.25}$$

$$F\left(2,2\right)=\begin{bmatrix} m_1 + m_2 \\ m_2 - m_3 \end{bmatrix} \tag{3.26}$$

$$m_1 = \left(d_0 - d_1\right)g_0 \tag{3.27}$$

$$m_2 = d_1\left(g_0 + g_1\right) \tag{3.28}$$

$$m_3 = \left(d_1 - d_2\right)g_1 \tag{3.29}$$

如果采用传统算法处理相同的输入，需要 4 次乘法和 2 次加法，而维诺格拉德变换只需要 3 次乘法和 5 次加法。

维诺格拉德变换 $F(2, 3)$ 定义如下：

$$F\left(2,3\right)=\begin{bmatrix} d_0 & d_1 & d_2 \\ d_1 & d_2 & d_3 \end{bmatrix}\begin{bmatrix} g_0 \\ g_1 \\ g_2 \end{bmatrix} \tag{3.30}$$

$$F\left(2,3\right)=\begin{bmatrix} m_1 + m_2 + m_3 \\ m_2 - m_3 - m_4 \end{bmatrix} \tag{3.31}$$

$$m_1 = \left(d_0 - d_2\right)g_0 \tag{3.32}$$

$$m_2 = \left(d_1 + d_2\right)\frac{g_0 + g_1 + g_2}{2} \tag{3.33}$$

$$m_3 = \left(d_2 - d_1\right)\frac{g_0 - g_1 + g_2}{2} \tag{3.34}$$

$$m_4 = \left(d_1 - d_3\right)g_2 \tag{3.35}$$

传统算法需要 6 次乘法和 4 次加法，而维诺格拉德变换只需要 4 次乘法、12 次加法和 2 次移位操作。另外，在处理卷积计算时，维诺格拉德变换 $F(2, 3)$ 的计算效率高于维诺格拉德变换 $F(2, 2)$。

可以将维诺格拉德一维算法用嵌套的方式扩展到维诺格拉德二维（2D）卷积计算 $F(m×m,r×r)$，即支持 $r×r$ 个滤波器与 $m×m$ 个输入激活的卷积计算。需要将数据划分为 $(m+r-1)×(m+r-1)$个分组，其中 $r-1$ 个分组存在数据交叠。传统算法采用 $m×m×r×r$ 次乘法，但维诺格拉德二维卷积只需要$(m+r-1) ×(m+r-1)$次乘法。

对于 $F(2×2, 3×3)$运算，传统算法执行 2×2×3×3 乘法（总共 36 次），但维诺格拉德二维卷积只需要$(2+3-1)×(2+3-1)$次乘法（共 16 次）。维诺格拉德二维卷积针对卷积进行了优化，并采用 3×3 滤波器将乘法次数减少为之前的 4/9。但是维诺格拉德二维卷积对不同尺寸的滤波器所需的计算量不同。

3.2.3　同步多线程（SMT）

同步多线程（SMT）进行计算调度时，将矩阵分割为多个组。SMT 对所有子集（片段）执行矩阵乘法和补丁模式（见图 3.23）。以单指令多线程（SIMT）方式启动独立线程（也称为 Warp），以并行计算矩阵子集，子集之间不存在联系，计算彼此独立。矩阵相乘后，SMT 将子集重新组合到同一组中以获得结果（见图 3.24）。

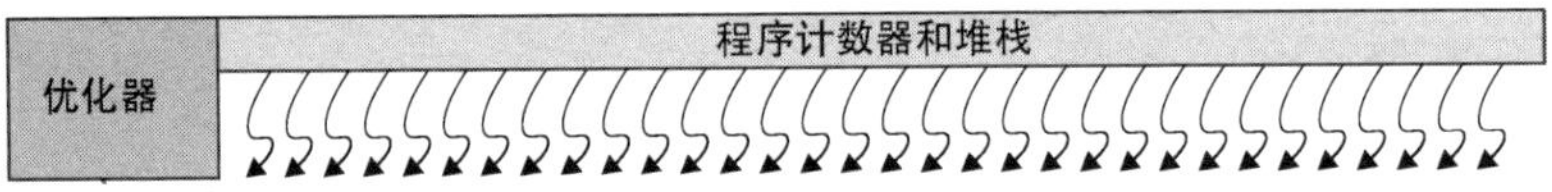

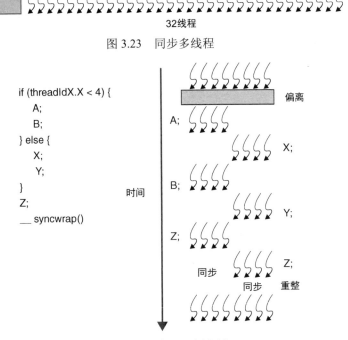

图 3.23　同步多线程

图 3.24　多线程计划安排

新的 SMT 还支持独立的线程调度，并在自己的程序计数器和堆栈信息中采用调度程序优化器。为充分利用 SIMT 单元，调度程序优化器决定相同 Warp 的活动线程分组的方式。例如，英伟达公司的 syncwarp 同步功能允许将线程的计算拆解分开执行，然后按照次序将分阶段结果重新拼装为输出，保持高精度的同时最大程度地提高硬件的并行效率。

3.2.4　第二代高带宽内存（HBM2）

图灵体系结构采用 HBM2 解决内存瓶颈。与传统的电路板级的布局布线方式放置"处理器—离散存储芯片"的方式不同，HBM2 是在芯片晶粒层面，直接采用硅通孔（TSV）封装工艺实现多晶粒[die，也称裸芯片，指未经封装的，由晶圆（wafer）切割而成的独立小块]的堆叠互连，以降低处理器核与存储单元的功耗。HBM2 通过 NVLink2 连接到 GPU（见图 3.25）。

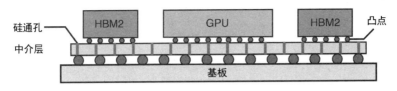

图 3.25　带 HBM2 的 GPU 架构

与 HBM1 相比，HBM2 每个堆栈最多支持 8 个 DRAM 晶粒。每个晶粒的内存从 2～8 GB 之间的数字增加。相应的内存带宽也从 125～180 Gb/s 的数字有所增加。依靠 HBM2 堆叠技术得到的高带宽内存可显著提高 GPU 的整体性能。

3.2.5　NVLink2 配置

在数据传输方面，图灵体系结构将单个多输入/输出（MIO）接口替换为 2×8 个双向差分对 NVLink2。NVLink2 允许在 CPU 和 GPU 内存之间直接加载、存储或进行原子操作。数据直接从 GPU 内存读取并存储在 CPU 缓存中。这种低延迟访问方式提高了 CPU 性能。NVLink2 支持 GPU 原子操作，不同线程操作共享数据以平衡工作负载。2 个 GPU 之间的各链路提供 40 Gb/s 的峰值带宽。NVLink2 可以配置为 GPU 到 GPU 模式或 GPU 到 CPU 模式。在 GPU 到 GPU 配置模式时，8 个 GPU 排列在混合立方体网状网中，2 个 NVLink2 将 4 个 GPU 连接在一起，4 个 GPU 各自通过 PCIe 总线连接到 CPU。CPU 和 GPU 系统可以看作共享内存的多处理器系统运行，对系统内存的访问通过 PCIe 总线。通过 NVLink 网状网连接的 4 个 GPU 可以实现高吞吐量。在 GPU 到 CPU 配置模式时，单个 GPU 通过 NVLink 连接到 CPU，可实现 160 Gb/s 双向带宽。2 个 GPU 通过 CPU 连接时，基本等同于 2 个 GPU 的对等连接（见图 3.26 至图 3.29）。

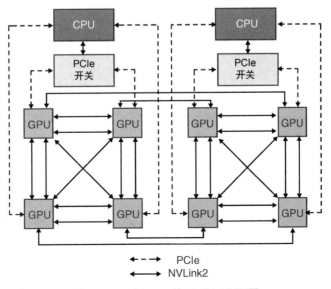

图 3.26　8 个 GPU 的 NVLink2 配置

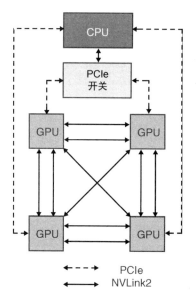

图 3.27　4 个 GPU 的 NVLink2 配置

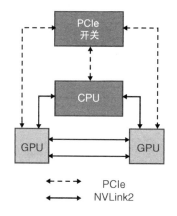

图 3.28　双 GPU 的 NVLink2 配置

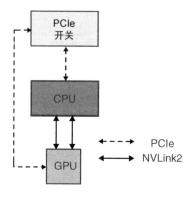

图 3.29　单 GPU 的 NVLink2 配置

NVLink2 成功地将 CPU 系统和 GPU 系统连接在一起，构建运行深度学习应用程序的 DGX-1 超级计算机。由 8 个 GPU（特斯拉 V100）和 2 个 CPU（Intel Xeon E5-2698 v4 2.2GHz）构成的英伟达 DGX-1 可以实现每秒 1 千万亿次以上的浮点运算（即 1PFLOPS）。

3.3　英伟达深度学习加速器（NVDLA）

英伟达深度学习加速器（NVDLA）[13,14] 是一款针对推理过程的开源可配置处理器①。NVDLA 内的卷积神经网络（CNN）包含卷积、激活、池化和归一化这 4 个基本功能块。每个功能块间都配置有双缓冲区分别进行数据激活和下一层配置。下一层在激活完成后开始新运算。所有模块的工作都可以配置为独立模式和融合模式这两种模式。独立模式下的每个功能块单独工作，访问其配置的内存，完成相应的计算；融合模式与独立模式类似。但采用了流水线配置（见图 3.30），与独立模式相比，其整体性能更高。

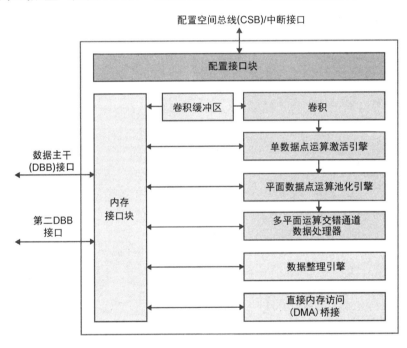

图 3.30　英伟达内核架构

3.3.1　卷积运算

卷积内核处理输入的特征数据和经过训练的权重，它支持 4 种类型的卷积计算：

● 直接卷积：采用宽 MAC 单元进行直接卷积，具有空间压缩和片上第 2 存储接口。

---

① NVDLA 是已开源项目，可以在 FPGA 平台上实现。

- 图像输入卷积：专门用于三通道图像输入。
- 维诺格拉德（Winograd）卷积：支持降低乘法计算次数的维诺格拉德二维变换，可以将 3×3 规格的二维卷积计算中的乘法次数降低为之前的 4/9。
- 批量卷积：支持对多组输入数据进行权重复用的卷积计算，降低内存访问频率。

3.3.2　单点数据运算

单一数据点（SDP）[①]的激活和归一化处理是通过线性函数（简单偏差[②]和量化缩放）和非线性函数的查询表（LUT）实现的：

- 线性函数：包括精度缩放、批量归一化、偏差相加和元素级处理。精度缩放将数字转换为较低精度的计算以加快运算速度。元素级处理包括基本的数学运算（加法、减法、乘法和最大/最小比较）。
- 非线性函数[③]：包括 ReLU、PReLU[④]、Sigmoid 和双曲正切等激活函数。

3.3.3　平面数据运算

平面数据运算（PDP）支持不同的池化运算和最大/最小/平均池化运算。

3.3.4　多平面运算

跨通道数据处理器（CDP）执行局部响应归一化（LRN）：

$$\text{Result}_{w,h,c} = \frac{\text{Source}_{w,h,c}}{\left(j+\dfrac{\alpha}{n}\sum_{i=\max\left(0,c-\frac{n}{2}\right)}^{\min\left(c-1,c+\frac{n}{2}\right)}\text{Source}_{w,h,i}^2\right)^{\beta}} \tag{3.36}$$

3.3.5　数据存储和重塑操作

直接内存访问（DMA）桥接电路在外部存储器和存储器接口之间传输数据。数据重

---

① SDP 可以将输入数据映射到一个范围内，使其能够被机器学习算法有效地处理。——译者注

② 简单偏差（Simple Bias）指在 SDP 中使用的线性功能，它可以通过增加或减少输入数据的偏移量来改变输出的值。例如，如果输入数据是 0.5，而偏移量是 0.2，则输出数据将为 0.7。这个偏移量可以被调整以获得更好的结果。——译者注

③ 这些非线性函数可以用来拟合更复杂的数据，并且可以增加神经网络的表现能力。——译者注

④ ReLU（Rectified Linear Unit）是一种常用的非线性激活函数，它将所有小于零的输入值设置为零，将所有大于零的输入值设置为它们的原始值。PReLU（Parametric Rectified Linear Unit）是一种参数化的非线性激活函数，它将所有小于零的输入值乘以一个可学习的参数 α，而不是像 ReLU 那样将其设置为零。这意味着可以学习更多关于输入数据的信息，从而使神经网络更加强大。——译者注

塑引擎执行数据转换、分割、切片、合并、收缩和重塑-转置[①]。

3.3.6　系统配置

英伟达深度学习加速器（NVDLA）可配置为小型系统模型和大型系统模型两种系统型方式。小型系统模型针对物联网应用，剥离了神经网络模型，以减少存储和加载时间的复杂性，但一次只执行单个任务（见图 3.31 和图 3.32）。

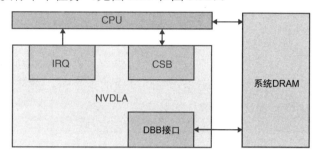

图 3.31　NVDLA 小型系统模型

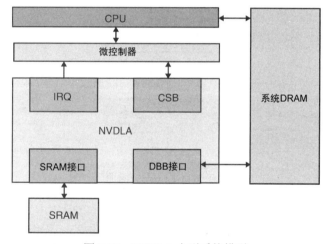

图 3.32　NVDLA 大型系统模型

NVDLA 大型系统模型增加了一个额外的带内存接口的协处理器支持多任务的本地计算。内存接口连接到高带宽内存以减少主机负载。

3.3.7　外部接口

英伟达深度学习加速器采用四种接口与外部系统互连：

---

① 数据转换指将数据从一种格式转换为另一种格式。例如，将图像从 RGB 格式转换为灰度格式。

　分割指将数据分割成多个部分。例如，将图像分割成多个小块，便于进行处理。

　切片指从数据中提取一部分。例如，从一幅图像中提取出一部分区域。

　合并指将多个数据集合并成一个数据集。例如，将多幅图像合并成一张图片。

　收缩指从数据中移除不必要的元素。例如，从图像中移除无用的像素。

　重塑-转置指改变数据的形状，使其具有不同的布局。例如，将行向量转换为列向量。——译者注

- 配置空间总线（CSB）是一种 32 位低带宽控制总线，允许主机配置 NVDLA 进行工作；
- 数据主干（DBB）接口是一种高速接口，允许 NVDLA 访问主存储器；
- 静态随机存取存储器（SRAM）接口提供可选的 SRAM 作为缓存，以提高系统性能；
- 当任务结束或异常时，触发中断请求（Interrupt Request，IRQ）。

3.3.8　软件设计

NVDLA 数据流处理软件将训练后的神经网络模型导入硬件系统（见图 3.33）。在流程上，这个软件首先将神经网络模型编译为中间过程的指令符，并按照模型的网络层，逐一配置，然后整体优化模型在硬件上运行的效率。

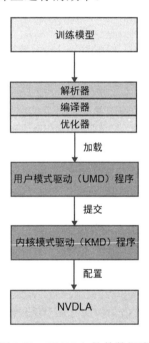

图 3.33　NVDLA 软件数据流

神经网络模型可以采取两种模式在 NVDLA 上运行，即用户模式驱动（UMD）程序和内核模式驱动（KMD）程序。UMD 加载已编译好的 NVDLA 模块，并将作业提交给 KMD。KMD 调度网络层的计算，并负责推理计算各功能块的任务配置。

3.4　谷歌张量处理器（TPU）

2013 年，为满足来自数据中心日益增长的语音识别需求，谷歌发布了张量处理器（Tensor Processing Unit，TPU）[15,16]。TPU 从单机版 v1 发展到云版 v2/v3[17,18]，以支持当今广泛的深度学习应用程序。TPU v1 的主要特性如下：

- 256×256 8 位 MAC 单元；
- 4MB 片上累加器存储器（AM）；
- 24MB 统一缓冲区（UB）——激活存储器；
- 8GB 片外 DRAM 权重存储器；
- 2 个 2133MHz DDR3 通道。

如表 3.3 所示，TPU v1 处理 6 种计算量超过 95%算力资源的神经网络应用程序：

- 多层感知器（MLP）：该层是前一层输出（完全连接）的一组非线性加权和，并复用权重；
- 卷积神经网络（CNN）：该网络层以复用权重的方式，对前一层输出的空间邻近子集进行相应的卷积计算，得到非线性加权和的结果；
- 递归神经网络（RNN）：这种层是前一层输出和前一组输出的非线性加权和的集合。长短期存储（LSTM）模型是常见的递归神经网络，采用权重复用的方式，选择当前网络层传递给下一层计算的输入数据，即什么元素可以传递或忽略。

表 3.3　TPU v1 的应用

名称	功能层					非线性函数	权重系数	操作数/权重字节	批处理尺寸	部署效率（%）
	卷积层	池化层	全连接层	矢量层	总数					
MLP0			5		5	ReLU	20M	200	200	61
MLP1			4		4	ReLU	5M	168	168	61
RNN0			24	34	58	Sigmoid, tanh	52M	64	64	29
RNN1			37	29	66	Sigmoid, tanh	34M	96	96	29
CNN0	16				16	ReLU	8M	2888	8	5
CNN1	72	13	4		89	ReLU	100M	1750	32	5

3.4.1　系统架构

TPU v1 采用以 256×256 MAC 单元组成的矩阵乘法单元（MMU）执行矩阵运算，可以进行 8 位位宽的有符号/无符号整型数据的加法和乘法计算。每个计算周期产生的 256 个 psum（partial sum，部分和），16 位 psum。这些 psum 存储在 32 位 4 MB 累加器存储器中。由于 TPU v1 的设计是按照 8 位进行的，对更高位宽格式的数据采取拼凑的方法进行，因此 8 位和 16 位的混合运算效率下降了一半，如果是两个 16 位格式的运算，效率下降四分之一，另外 TPU v1 不支持稀疏矩阵乘法（见图 3.34）。

权重先入先出（FIFO）从片外 8 GB DRAM（权重存储器）读取矩阵权重。激活、池化和归一化后，中间结果存储在 24 MB 统一缓冲区中，并输入内存管理单元（MMU）进行下一次计算（见图 3.35）。

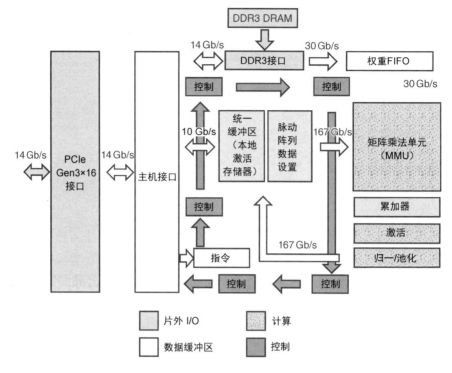

图 3.34 张量处理器（TPU）的架构

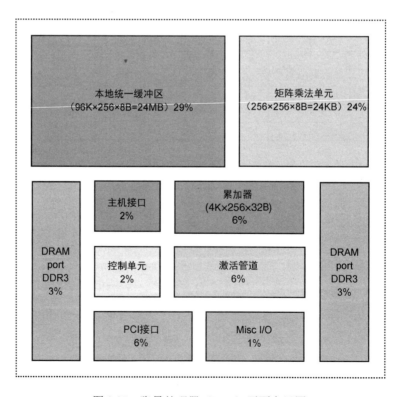

图 3.35 张量处理器（TPU）平面布局图

3.4.2　乘法-累加（MAC）脉冲阵列

TPU v1 的核心是来自脉冲阵列的 256×256 MAC 单元[19,20]，它是一个高吞吐量、低延迟的单指令多数据（SIMD）高流水线计算网络。脉冲阵列指当数据以有节奏的方式从内存传输到处理元件（PE）时，数据如何有节奏地流过处理核心。所有的数据的 Warp 处理和同步都由一个全局时钟驱动，并按照时钟周期输入脉冲阵列进行计算。计算结果以流水线方式提供，非常适合矩阵乘法。脉冲阵列的缺点是，由于同时进行操作而导致高功耗。TPU 是数据中心应用的最佳选择（见图 3.36 和图 3.37）。

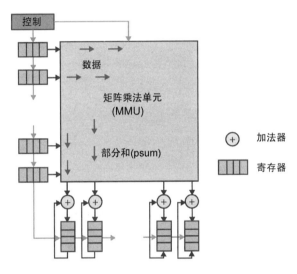

图 3.36　乘法-累加（MAC）脉冲阵列

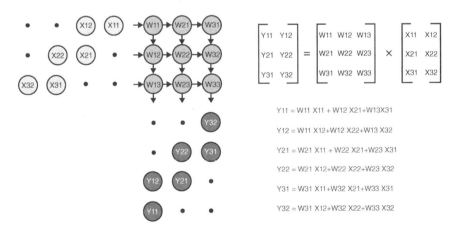

图 3.37　脉冲阵列矩阵乘法

3.4.3 新的大脑浮点格式

浮点硬件需要额外的指数对齐、归一化、舍入和长进位传播[21]。TPU v1 利用速度、面积和功率优势将输入数据从 FP32 量化（Quantizes，也译作取离散值）到 INT8。量化的主要缺点是，整数截断误差和在芯片实现的成本不稳定性（见图 3.38）。

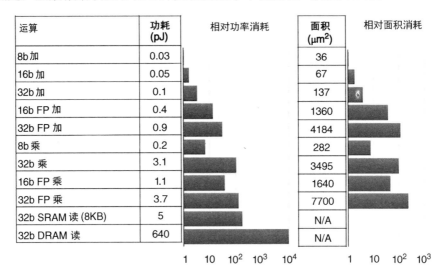

运算	功耗 (pJ)	相对功率消耗	面积 (μm²)	相对面积消耗
8b 加	0.03		36	
16b 加	0.05		67	
32b 加	0.1		137	
16b FP 加	0.4		1360	
32b FP 加	0.9		4184	
8b 乘	0.2		282	
32b 乘	3.1		3495	
16b FP 乘	1.1		1640	
32b FP 乘	3.7		7700	
32b SRAM 读 (8KB)	5		N/A	
32b DRAM 读	640		N/A	

图 3.38 不同数据格式运算的成本

为了解决数字逻辑电路实现时数值的不稳定问题，谷歌将 16 位半精度 IEEE 浮点格式（FP16）替换为 16 位大脑浮点格式（BFP16）。大脑浮点格式采用的小尾数设计大大减小了乘法器面积，降低了功耗，但达到了与 32 位单精度浮点格式（FP32）同样的动态范围，除此之外，还减少了内存存储，节省了总体带宽。

采用 BFP16 时，其精度与 FP32 相同，且无缩放损失（见图 3.39）。

IEEE 32位单精度浮点格式：FP32　　　　　　　范围：约 $1×10^{-38}$ 至约 $3×10^{38}$

符号：1位，指数：8位，尾数：23位

IEEE 16位单精度浮点格式：FP16　　　　　　　范围：约 $5.96×10^{-8}$ 至约 65504

符号：1位，指数：5位，尾数：10位

谷歌16位大脑浮点格式：BFP16　　　　　　　范围：约 $1×10^{-38}$ 至约 $3×10^{38}$

符号：1位，指数：8位，尾数：7位

图 3.39 TPU 大脑浮点格式

3.4.4　性能比较

要比较 CPU、GPU 和 TPU 的性能，可采用屋顶线模型[22]。在屋顶线模型中，Y 轴代表浮点运算，其中峰值性能称为屋顶线的"平坦"部分，X 轴代表以每字节浮点运算测量的运算强度。这种方法可以反映峰值性能极限。

从屋顶线模型分析可看出，TPU 的峰值性能高于 CPU（Intel Haswell）和 GPU（英伟达 K80）（见图 3.40），因为 CPU 和 GPU 都受到内存带宽的限制。TPU 简化了硬件设计，无须复杂的微体系结构、内存转换和多线程支持。

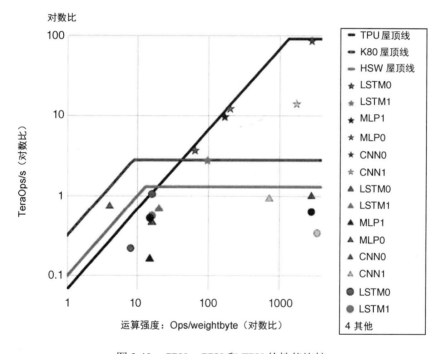

图 3.40　CPU、GPU 和 TPU 的性能比较

3.4.5　云 TPU 配置

谷歌将数据中心应用程序的独立 TPU v1 升级到云 TPU v2 和 v3。云 TPU v2 和 v3 将 DDR3 内存替换为高带宽内存（HBM），以解决内存瓶颈。TPU pod 配置通过专用高速网络连接多个 TPU 内核，以提高整体性能。TPU 核心在没有主机 CPU 和网络资源的情况下互通。对于 TPU v2 pod，pod 采用 128 个 TPU v2 内核。TPU v3 pod 的 TPU v3 内核增加到 256 个，内存增加了 32 TB。从 TPU v2 pod 到 TPU v3 pod，性能显著提高（见图 3.41 至图 3.43，以及表 3.4）。

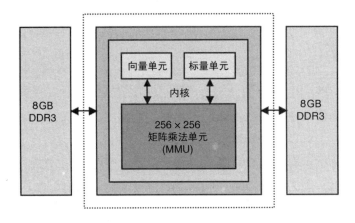

图 3.41 第一代张量处理器（TPU v1）

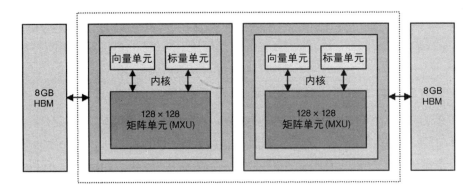

图 3.42 第二代张量处理器（TPU v2）

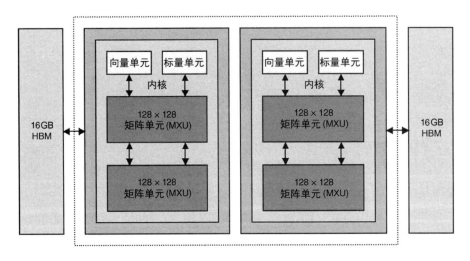

图 3.43 第三代张量处理器（TPU v3）

表 3.4　张量处理器参数的比较[4]

版本	TPU v1	TPU v2（云）	TPU v3（云）
设计年份	2015	2017	2018
内核存储器	8GB DRAM/TPU	8GB HBM/TPU	16GB HBM/TPU core
处理器元件	1 颗 256×256 MAC/TPU	1 颗 128×128 MXU/TPU	2 颗 128×128 MXU/TPU
CPU 接口	PCIe 3.0×16	PCIe 3.0×8	PCIe 3.0×8
性能	92 TOPS	180 TOPS	420 TOPS
Pod cluster	N/A	512TPU 和 4 TB 内存	2048TPU 和 32 TB 内存
应用	推理	训练和推理	训练和推理

TPU v2 和 v3 采用新的 128×128 矩阵单元（MXU）。每循环执行 16k 乘法-累加运算。MXU 输入和输出采用 32 位标准浮点格式（FP32）。但是，MXU 在内部执行 BFP16 乘法。

3.4.6　云软件架构

谷歌为云计算开发了新的软件架构[23]。它通过张量流图（TensorFlow）将神经网络模型转换为计算图。TensorFlow 服务器通过以下步骤确定有多少 TPU 核可用于计算：

- 从云存储加载输入数据；
- 分割图形数据为子图，以适配云 TPU 操作的规模；
- 将子图算子替换为加速线性代数（XLA）加速库的对应函数；
- 采用 XLA 编译器将高级优化器（HLO）操作符编译为二进制代码，编译器对算法级程序根据计算的数据和计算类型，优化不同维度的计算，合并协调相同类型乘法计算，得到高效的本机指令集代码①。
- 在分布式云 TPU 上运行。

例如，softmax 激活可分为原语级别操作（指数运算、减法运算和元素级别除法）。

---

① 本机代码是一种计算机可执行的机器码，可以直接在计算机硬件上运行。相比于源代码和中间代码，本机代码不需要再进行编译或解释，因为它已经是计算机硬件可以直接识别和执行的形式。当我们使用 XLA 编译器将高级优化器（HLO）操作符编译为本机代码时，可以显著提高算法的运行速度和效率。——译者注

XLA[①]可以通过融合操作进一步优化 TensorFlow 子图。子图可以在最小数量的内核处理器上采用一个有效的循环实现，无须额外的内存分配。与 GPU 方法相比性能提高了 50%（见图 3.44）。

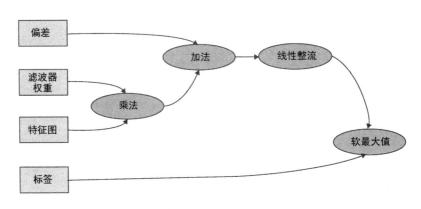

图 3.44　谷歌 TensorFlow 子图优化

3.5　微软弹射器结构加速器（NPU）

随着语音搜索需求的增长，微软启动了名为 Brainwave 的项目，采用弹射器结构[24-26]加速器开发承载各种应用的低成本、高效率的 Azure 云数据中心（见图 3.45）：

- 本地计算加速器
- 网络/存储加速器
- 远程计算加速器

Brainwave 架构实现 CPU 和定制 FPGA 互连的超大规模数据中心。多个 FPGA 构成的分组在架构中作为一个共享的微服务资源，随着工作负载的扩展，为保持 CPU 系统和 FPGA 系统间的计算负荷平衡，可以不断增加 FPGA 分组。48 个 FPGA 布置在 2 个称为 POD（point of delivery）的半机架中，并采用一个 6×8 的巡回网络连接，巡回网络结构配置 8GB 的 DRAM，用于本地计算（见图 3.46）。

Brainwave 首先将预先训练好的 DNN 模型编译成合成软核，称为弹射器结构，然后应用窄精度格式加速计算。在计算时，为最小化内存的访问频率，模型参数完全驻留在软核中（见图 3.47）。

---

① 谷歌应用软件方法优化 TensorFlow 子图。第 4 章的 Blaze GSP 和 Graphcore IPU 在硬件实现方面采用了类似的方法。——译者注

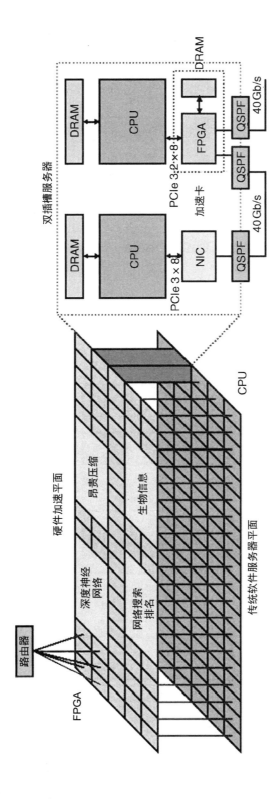

图 3.45　微软 Brainwave 可配置云架构

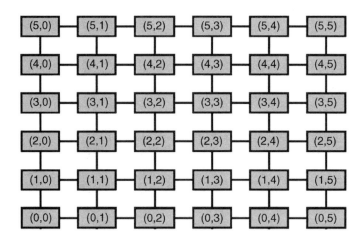

图 3.46   巡回网络拓扑

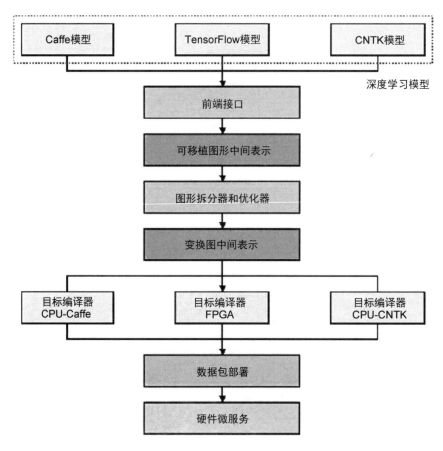

图 3.47   微软 Brainwave 设计流程

3.5.1　系统配置

为简化硬件设计，避免因为应用程序的修改重新编译 FPGA 的寄存器传输级（RTL）逻辑设计。弹射器结构这种合成软核采用底层软件库进行重新配置。弹射器的构造分为两部分：接口（Shell）和任务（Role）。接口是一种通常可以连接所有应用程序的可复用、可编程逻辑。任务是可以从编程接口调用的应用逻辑接口函数。接口的主要功能如下所示：

- 2 个 DRAM 控制器独立工作或充当统一接口；
- 4 个高速串行链路支持 SerialLite Ⅲ（SL3）接口；
- 轻量级传输层（LTL）支持相邻 FPGA 之间的 FPGA 间通信，它支持先入先出（FIFO）语义、Xon/Xoff 流控制和纠错码（ECC）存储器；
- 支持虚拟通道的弹性路由器（ER）允许多个角色访问网络；
- 远程状态更新（RSU）单元的可重构逻辑，用于读取/写入配置闪存；
- PCIe 核与 CPU 连接并支持直接内存访问（DMA）；
- 单粒子翻转（SEU）逻辑定期检查 FPGA 配置以避免软错误（见图 3.48）。

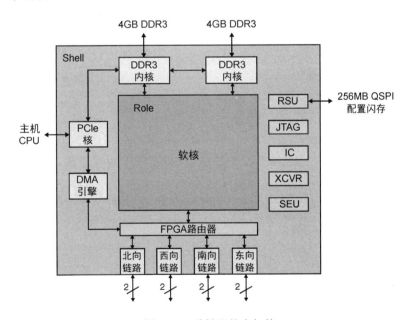

图 3.48　弹射器外壳架构

3.5.2　弹射器架构

弹射器架构源自带有矩阵-向量乘法器（MVM）、多功能单元（MFU）和向量仲裁网络的单线程向量处理器体系结构。MVM 负责矩阵-向量乘法和向量-向量乘法。管道寄存器文件（PRF）、向量寄存器文件（VRF）和矩阵寄存器文件（MRF）存储输入特征图和滤波器权重（见图 3.49）。

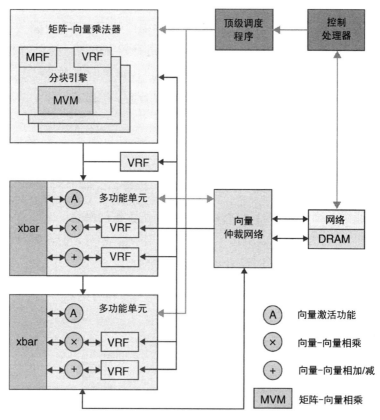

图 3.49　弹射器微架构

向量仲裁网络管理 PRF、DRAM 和相邻 I/O 队列之间的数据传输。带有输入指令链的顶层调度器控制功能单元操作和向量仲裁网络。

3.5.3　矩阵–向量乘法器

矩阵–向量乘法器（MVM）是弹射器架构的核心计算单元。MVM 采用专用内存解决内存带宽和吞吐量问题。另外，在数据精度维持方面，MVM 将 FP16 输入数据转换为微软低精度格式（MS-FP8/MS-FP9）（见图 3.50）。MS-FP8/MS-FP9 指的是 8 位和 9 位浮点格式，尾数仅保留 2 到 3 位。这种格式类似谷歌 BF16 格式，可以合理地以动态范围表达更高的数据精度。MVM 采用多个乘法分块引擎[①]支持原生数据长度的矩阵–向量乘法计

[①] 分块技术是一种优化技术，用于处理大型矩阵乘法计算的内存访问问题。在矩阵乘法中，如果矩阵太大，无法完全存储在处理器的缓存中，就需要将矩阵划分为小块，以便能够在缓存中处理。矩阵分块技术就是将矩阵划分为小的子矩阵（称为分块），并按照一定的顺序依次加载到处理器的缓存中，以便能够高效地访问数据。矩阵分块可以提高内存访问的局部性，减少对主存的访问，从而提高矩阵乘法计算的性能。——译者注

算，在执行乘法计算时，输入数据加载到向量寄存器文件（VRF）中，滤波器权重存储在矩阵寄存器文件（MRF）中（见图 3.51）。

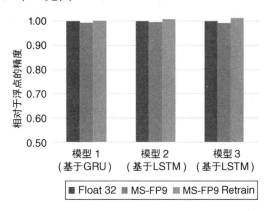

图 3.50　微软低精度量化

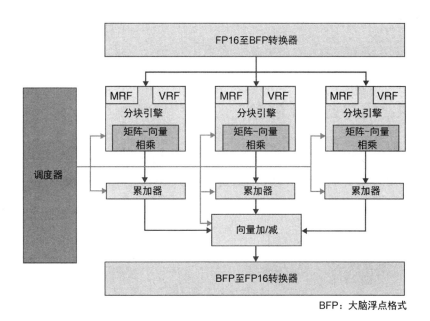

图 3.51　矩阵-向量乘法器介绍

　　每个分块引擎的工作由一组点积计算引擎（DPE）支持，实现输入向量与矩阵分块中行向量的乘法运算（见图 3.52）。相乘的结果通过并行通道送入累加树，实现 4 个维度的并行计算：MVM 间、MVM 分块间、分块矩阵行间，以及在同一矩阵行的列元素间。

　　最后，矩阵-向量乘法器输出到向量多功能单元（MFU）。MFU 支持向量-向量运算、加法和乘法、一元向量激活函数（ReLU、Sigmoid 和双曲正切）。对于超长向量的运算，安排相应的指令序列进行计算，在这种情况下，MFU 采用交叉开关形成串联结构实现对此类计算的支持。

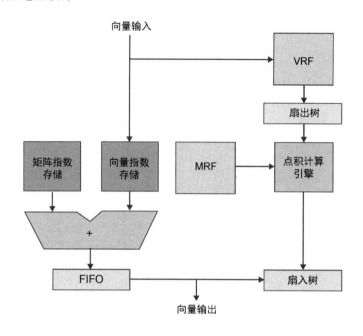

图 3.52　分块引擎架构

3.5.4　分层解码与调度（硬盘）

弹射器结构采用传统的标量控制处理器动态地向顶层调度器发出指令。调度器把指令分解为原语操作。这些原语操作配置分布式计算的资源方案和并行计算的过程（见图 3.53）。

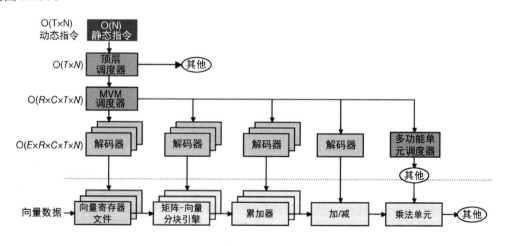

图 3.53　分层解码与调度方案

调度器采用 4 步骤方式完成 6 个解码器的底层配置。首先顶层调度器将包含矩阵-向量乘法器（MVM）地址信息的指令拆解为第二级指令。这个指令包含了详细的扩展目标矩阵 R 行和 C 列地址。然后映射到矩阵-向量独立引擎中，映射参数还包括相关的管道寄存器文件、累加器和加/减单元所需的过程指令等。最后分派控制指令，并启动数百个点积计算引擎的计算。

这种设计改善多项微架构体系功能：

● 将原生向量维度与模型参数对齐，在模型评估期为计算准备优化资源配置；

● 增加了通道宽度以提高行内数据计算的并行度；

● 增加了矩阵乘法功能块以提高对大模型并行计算的支持。

3.5.5　稀疏矩阵-向量乘法

根据文献[28]，微软还研究了稀疏矩阵-向量乘法（SMVM），这种向量乘法采用压缩交织稀疏表示（CISR）格式提高整体性能。与常见的稀疏矩阵编码方案压缩稀疏行（CSR）格式相比，微软的方法只存储非零矩阵元素，导致矩阵的行数据长度可变。而在并行处理的硬件上，不能在这样的数据进行加法和减法运算时对数据进行对齐（见图 3.54）。

稀疏矩阵-向量乘法器（SMVM）将数据组织到并行通道中，其中矩阵的所有行向量由同一通道处理。当通道数据计算完毕后，会获取一个新行进行操作。每个通道初始化一个对高带宽存储向量缓冲区（BVB）的新请求，以进行矩阵提取。返回通道 FIFO 中的输入向量和相应的矩阵进行乘法运算。psum 送入融合累加器进行加法运算。完成行点积后，结果发送到输出缓冲区。SMVM 通过并行操作的压缩交织稀疏表示（CISR）将通道之间的通信最小化，从而使得彼此之间的依存度最低。

压缩稀疏行（CSR）格式是一种常见的稀疏矩阵表示方法，见图 3.55（b）。它通过三个数组来表示一个矩阵，其中第一个数组存储按行主顺序排列的所有非零元素的值；第二个数组存储相应的非零元素所在的列的索引，按行主顺序排列；第三个数组是行指针数组，其中每个元素存储对应行的第一个非零元素在第一个数组中的位置，这个数组的最后一个元素存储所有非零元素的总数。CSR 格式的价值在于可以非常紧凑地存储稀疏矩阵，这种格式只存储非零元素的值、列索引和行指针，而忽略所有零元素。如果两个数组包含相同指针，则表示这两个元素之间没有零元素，即它们之间的所有元素都是非零元素。可以看出，这种格式对并行处理不友好，需要额外的缓存对并行计算的中间数据进行存储，并采用顺序解码电路确定行数据的首尾边界。

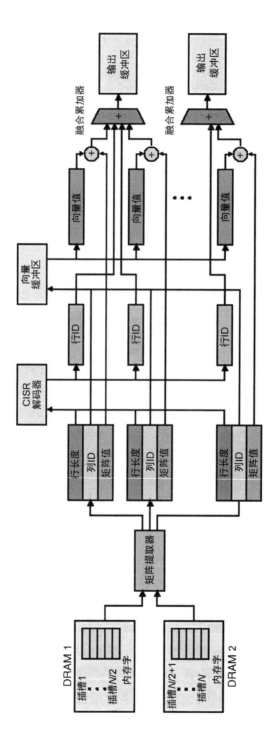

图 3.54 稀疏矩阵-向量乘法器架构

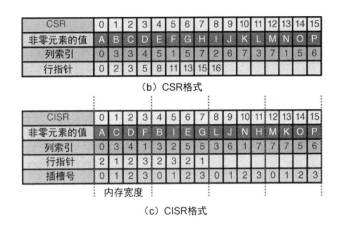

图 3.55　（a）稀疏矩阵；（b）压缩稀疏行（CSR）格式；（c）压缩交织稀疏表示（CISR）格式

微软采用了压缩交织稀疏表示（CISR）简化并行乘法硬件的设计。CISR 采用 4 个通道插槽进行数据调度。如图 3.55（c）所示，从起始行开始，各行的第一个非零元素（A、C、D、F）放置在第一个插槽的 4 个通道位置。这 4 个非零元素的列索引按次序存储在索引数组。一旦某行的非零元素都得到填充，接下来的两个行元素将分配给空插槽。重复此过程，直到矩阵的所有非零元素都分配到了插槽中的位置。通道中的空插槽位置补零对齐。图中的第 3 行数组（行指针）存储行数据的长度。静态行调度由软件控制，简化了硬件设计。

解码 CISR 格式的数据时，解码器首先初始化顺序行 ID，并将计数器设置为行数据的长度，在进行计算时，计数器的数值按照时钟周期减值计数，按照先入先出（FIFO）的次序从缓存获得行数据，根据得到的行数据 ID，将对应行数据进行并行乘法。当计数器归零，将处理所有行 ID，并分配新的行 ID。重复此过程，直到处理完代表矩阵向量各行数据的数组，矩阵向量得到完全解码。

思　考　题

1. 英特尔为什么选择网状结构而不是环形网络？

2. 英特尔新的 AXV-512 VNNI 指令集有哪些优点？

3. 英伟达图灵张量计算核心的增强是什么？

4. 如何设计英伟达 NVLink2 发射机和接收机？

5. 如何采用 FPGA 方法合成开源 NVDLA？

6. 谷歌 TPU 的缺点是什么？

7. 谷歌为什么要将 256×256 矩阵乘法单元（MMU）更改为 128×128 矩阵单元（MXU）？

8. 微软为什么选择软核方法实施 DNN 加速器？

9. 与 CSR 相比，CISR 编码的优势是什么？

10. 在英特尔、谷歌和微软的数字精度格式中，哪一种方法最好？

原著参考文献

[1] You, Y., Zhang, Z., Hsieh, C.- J. et al. (2018). ImageNet Training in Minutes. arXiv:1709.05011v10.

[2] Rodriguez, A., Li, W., Dai, J. et al. (2017). Intel® Processors for Deep Learning Training. [Online].

[3] Mulnix, D. (2017). Intel® Xeon® Processor Scalable Family Technical Overview. [Online].

[4] Saletore, V., Karkada, D., Sripathi, V. et al. (2018). Boosting Deep Learning Training & Inference Performance on Intel Xeon and Intel Xeon Phi Processor. Intel.

[5] (2019). Introduction to Intel Deep Learning Boost on Second Generation Intel Xeon Scalable Processors. [Online].

[6] Rodriguez, A., Segal, E., Meiri, E. et al. (2018). Lower Numerical Precision Deep Learning Interence and Training. Intel.

[7] (2018). Nvidia Turing GPU Architecture - Graphics Reinvented. Nvidia

[8] (2017). Nvidia Tesla P100 - The Most Advanced Datacenter Accelerator Ever Built Featuring Pascal GP100, the World's Fastest GPU. Nvidia.

[9] (2017). Nvidia Tesla V100 GPU Architecture - The World's Most Advanced Data Center GPU. Nvidia.

[10] Oh, N. (2018). The Nvidia Titan V Deep Leaering Deep Dive: It's All About Tensor Core. [Online].

[11] Lavin, A. and Gray, S. (2016). Fast algorithms for convolutional neural networks. *2016 IEEE Conference on Computer Vision and Pattern Recognition (CVPR),* 4013–4021.

[12] Winograd, S. (1980). Arithmetic Complexity of Computations, Society for Industrial and Applied Mathematics (SIAM).

[13] NVDLA Primer. [Online].

[14] Farshchi, F., Huang, Q. and Yun, H. (2019). Integrating NVIDLA Deep Learning Accelerator (NVDLA) with RISC- V SoC on FireSim. arXiv:1903.06495v2.

[15] Jouppi, N. P., Young, C., Patil, N. et al. (2017). In- Datacenter Performance Analysis of a Tensor Processing Unit. arXiv:1704.04760v1.

[16] Jouppl, N. P., Young, C., Patil, N. et al. (2018). A Domain- Specific Architecture for Deep Neural Network. [Online].

[17] Teich, P. (2018). Tearing Apart Google's TPU 3.0 AI Processor. [Online].

[18] System Architecture. [Online].

[19] Kung, H. (1982). Why systolic architecture? *IEEE Computer* 15 (1): 37–46.

[20] Kung, S. (1988). *VLSI Systolic Array Processors*. Prentice- Hall.

[21] Dally, W. (2017). *High Performance Hardware for Machine Learning, Conference on Neural Information Processing Systems (NIPS) Tutorial.*

[22] Williams, S., Waterman, A., and Patterson, D. (2009). Roofline: An insightful visual performance model for floating- point programs and multicore architecture. *Communications of the ACM* 52 (4): 65–76.

[23] XLA (2017). TensorFlow, complied, Google Developers (6 March 2017) [online].

[24] Putnam, A., Caulfield, A. M., Chung, E. S. et al. (2015). A reconfigurable fabric for accelerating large-scale datacenter services. *IEEE Micro* 35 (3): 10–22.

[25] Caulfield, A. M., Chung, E. S., Putnam, A. et al. (2016). A cloud- scale acceleration architecture. *2016 49th Annual IEEE/ACM International Symposium on Microarchitecture (MICRO),* pp. 1–13.

[26] Fowers, J., Ovtcharov, K., Papamichael, M. et al. (2018). A configurable cloud- scale DNN processor for real- time AI. *ACM/IEEE 45th Annual Annual International Symposium on Computer Architecture (ISCA),* 1–14.

[27] Chung, E., Fowers, J., Ovtcharov, K. et al. (2018). Serving DNNs in real time at datacenter scale with project brainwave. *IEEE Micro* 38 (2): 8–20.

[28] Fowers, J., Ovtcharov, K., Strauss, K. et al. (2014). A high memory bandwidth FPGA accelerator for sparse matrix- vector multiplication. *2014 IEEE 22nd Annual International Symposium on Field- Programmable Custom Computing Machines,* 36–43.

第4章 基于流图理论的加速器设计

为实现大规模并发数据的神经网络处理，产业界发展出了基于图神经理论的 Blaize[①] GSP 和 Graphcore[②] IPU 深度学习加速器，这种图神经理论的加速器采用多指令多数据（MIMD）架构。微软公司和戴尔公司已经选择了 Graphcore IPU 作为其下一代数据中心的深度学习加速器。

4.1 Blaize 流图处理器

4.1.1 流图模型

文献[1][2]提出 Blaize 流图处理器（Graph Streaming Processor，GSP）深度学习处理器，这种处理器采用流图（GS）模型架构[3]。流图理论从网络流量到数据库软件得到广泛应用。其处理动态流数据具备 3 个基本特征，即数据流模型 TCS：

- 传输（T，指处理的及时性）：TCS 模型可以处理实时数据流，它需要快速响应并及时处理输入数据，如动态处理海量流图；
- 计算（C）：并行处理大量数据；
- 存储（S）：数据暂存或储存。

可以用转门（Turnstile）模型描述数据在 TCS 模型中的流动机制，动态数据如何以流的形式到达、处理和离开模型。这种模型能够较好地描述数据的进出行为，也可以用于真实任务调度的设计。包括对数据密集型任务，在这种场景下需要将任务分配到各个处理器。使用 Turnstile 模型描述数据的进出行为，并根据不同的数据流量进行任务调度，可达到更好的性能和效率。

Turnstile 模型的数学描述：设顺序到达的输入数据流为 $a_1, a_2, \cdots$，数据流用信号 A 表达，A 是一维向量$[1 \cdots N] \to R^2$

① 美国一家为网络边缘的 AI 数据收集和处理提供边缘计算硬件和软件解决方案的公司。——译者注
② 英国人工智能芯片/硬件设计初创公司。——译者注

$$A_i\big[j\big] = A_{i-1}\big[j\big] + U_i \tag{4.1}$$

其中，

a_i 代表输入流 a_1，a_2，…中的第 i 项数据元素 $a_i=(j,U_i)$，其中 j 是输入信号的索引。a_i 刷新 $A[j]$ 向量；

A_i 是数据流在时间上获得第 i 项元素后刷新的信号向量元素；

U_i 代表当前流向量中信号路由方向是到达还是离开，以正负取值指示。

在流处理过程中（见图 4.1），系统测量信号 A 有如下参量：

■ 流各项 a_i 的处理时间（处理）；

■ A 的计算时间（计算）；

■ 时刻 t 时的 A_t 存储空间（存储）。

目前研究的重点是提高流图处理器的整体效率，包括流图算法[4]和适用的各种分区技术[5]等。

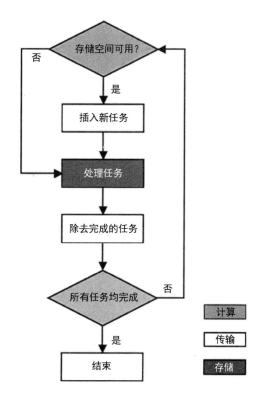

图 4.1　数据流 TCS 模型

4.1.2 深度优先调度方法

如图 4.2 所示，Blaize 流图处理器（GSP）将神经网络模型转换为有向无环图（DAG）（V, E）形式[1]，其中 V 代表 PE 的顶点，E 代表 PE 之间的权重连接。采用深度优先调度（DFS）[2]进行调度控制。处理时先访问左树中的顶点，然后遍历到最后一个节点。再返回右边顶点重复这种操作，直到遍历所有顶点。在这个过程中，记录访问顺序形成任务调度序列。任务调度序列是访问顺序的反序。这样，一旦处理数据准备就绪，就可立即启动 GSP。这种架构支持动态图处理，也支持稀疏图和条件图处理。

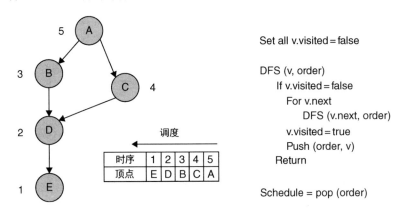

图 4.2 Blaize 深度优先调度方法

GSP 架构支持 4 个层面的并行计算处理，包括

- 并行任务（直接图形处理）：当数据就绪时，多层节点可以并行处理数据。动态调度技术实现了节点间处理的彼此独立；
- 并行线程（精度线程调度）：每个处理器每个周期支持多个线程。通过线程切换或新线程启动实现上下文切换；
- 并行数据（二维数据块处理）：未对齐的数据块可以采用特殊指令、数据块移动/添加，以及点积运算；

---

① 有向无环图（DAG）是一种图形结构，它由节点和有向边组成，并且没有环路。这意味着从图中的任何节点出发，无论沿着哪条路径，都不会回到这个节点。这种结构可以用于表示一些计算过程、任务调度、数据流等。在神经网络中，DAG 被用来表示网络的拓扑结构，即表示神经网络中的各个神经元和它们之间的连接关系。这种表示方式可以方便地对网络的结构进行分析和优化，例如可以通过拓扑排序来确定网络的前向计算顺序，从而提高计算效率。在神经网络加速器中，也可以通过将神经网络模型转换为 DAG 形式，来实现高效的计算和调度。——译者注

② 深度优先调度（DFS）是指在 Blaize 图形流处理器（GSP）中，任务调度器按照深度优先的顺序来调度任务执行。具体来说，DFS 会首先选择一个任务，然后尽可能深地执行该任务的子任务，直到无法再深入为止，然后回到下一个任务，深入执行其子任务……直到所有任务都被执行完毕。DFS 调度算法的优点是可以充分利用硬件资源，提高处理器的利用率和性能。它能够尽可能地利用处理器的并行性，同时减少任务之间的等待时间和通信开销。但是，DFS 算法也有一些缺点，例如可能会导致任务执行的顺序不稳定，影响程序的可重复性和调试难度。——译者注

● 并行指令（硬件指令调度）：每个处理器将指令序列进行前后关联性的剥离，实现指令间的单独化效果，并转换为并行次序，然后启动并行指令的执行。

4.1.3　流图处理器架构

图 4.3～图 4.6 给出了 Blaize 流图处理器（GSP）的架构、线程调度，以及指令调度等。其中图 4.3 为 Blaize 流图处理器的架构，包括系统控制器、直接内存访问（DMA）单元、命令单元、图形处理调度器、执行分块、流图处理器、特殊数学函数、数据缓存和内存管理单元（MMU）等。图 4.4 为 Blaize 流图处理器的线程调度，图 4.5 为 Blaize 流图处理器的指令调度，图 4.6 为顺序处理和流式处理的比较。

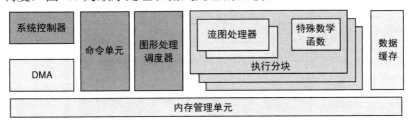

图 4.3　Blaize 流图处理器的架构

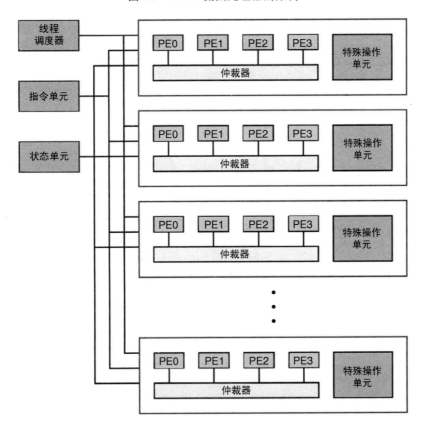

图 4.4　Blaize 流图处理器的线程调度

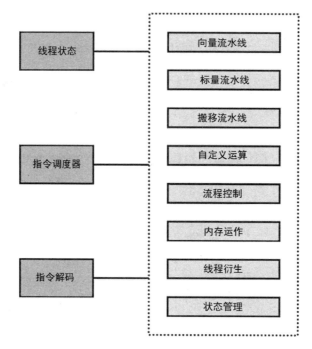

图 4.5 Blaize 流图处理器的指令调度

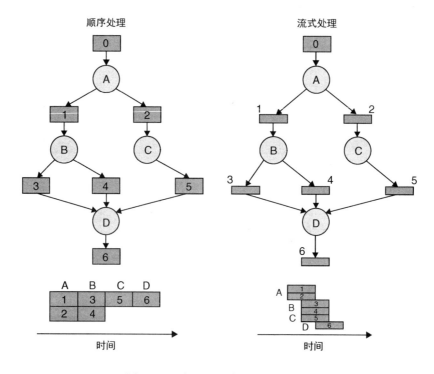

图 4.6 顺序处理和流式处理的比较

顺序处理和流式处理的对比如下。

顺序处理的特点：

● 通常包含图形处理器（GPU）和数字信号处理器（DSP）；

● 中间缓冲区和 DRAM 内存间的数据不可全局共享；

● 内存访问延迟较大，功耗较高；

● 计算完成后须进行数据搬移；

● 需要配置大数据存储。

流式处理的特点：

● 处理本地计算只需要很小的中间缓冲区；

● 缓存数据很容易得到支持；

● 降低内存带宽的同时降低功耗，提高性能；

● 支持并行任务和并行数据的处理；

● 数据就绪后触发下一个节点的处理，如图 4.7 所示。

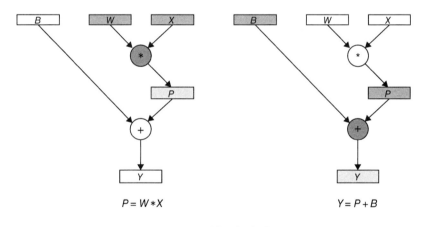

图 4.7 Blaize 流图处理器的卷积运算

神经网络每次只处理一个节点的计算，不考虑节点之间的协同。这样避免了数据在内存的大量存储，消除了带宽紧张和功耗问题。采用流图方法的 GSP 在数据准备就绪后就启动运算，不等待与计算无关的数据状态。这样降低了内存访问频率，提高了系统性能。在卷积计算时，滤波器权重与输入特征图相乘后，psum P 和偏移 B 相加，得到输出 Y。

4.2 Graphcore 智能处理器

文献[6][7][8][9]介绍了 Graphcore 开发的智能处理器（IPU），IPU 采用与 Blaize 流图处理器（GSP）类似的应用图论[①]，通过大规模并行线程执行细粒度操作，用于深度学习应用。通过分布式本地内存实现多指令多数据（MIMD）并行化。

4.2.1 智能处理器（IPU）架构

每个 IPU 由 1216 个 PE 组成，这些 PE 也称为 "分块"。每个 PE 由计算单元和 256 KB 本地内存构成。本地内存中只存储寄存器文件，不保存其他内容。PE 单元间由片上互连结构实现高带宽、低时延通信，这种片上互连结构称为交换单元（exchange）。所有 IPU 的连接由高速 IPU 链路实现。

IPU 采用与英伟达同步多线程（SMT）类似的机制，为碎片方式的非规则格式的数据块提供 6 个独立处理线程。每个线程可配置相应的指令和执行次序，6 个独立线程并行工作。这种方法消除了流水线调度处理的整体停顿，使系统接近理论性能，提高了数据的吞吐量。如图 4.8 所示，按照静态的轮换调度方式，每个 PE 单位在不同的线程间切换。

4.2.2 累加矩阵积（AMP）单元

智能处理器（IPU）采用专门的流水线结构累加矩阵积（AMP）单元[②]，如图 4.9 和图 4.10 所示，每个时钟周期可完成 64 位混合精度运算或 16 位单精度浮点运算。IPU 采用分布式本地内存，支持低时延的计算。

---

① 应用图论（Application Graph Theory）是一种图论方法，旨在描述和优化计算系统中的任务和数据流程。它将计算系统中的任务表示为图中的节点，将数据依赖性表示为边。通过使用图论算法，可以对任务和数据流程进行建模、分析和优化，以提高系统的效率和性能。在智能处理器（IPU）和 Blaize 图形流处理器（GSP）中，应用图论可以用于将计算任务分配给多个处理单元，以实现更高效的并行计算。——译者注

② AMP 单元采用流水线结构，将矩阵乘积运算分解成多个阶段，每个阶段可以并行计算，从而实现高效的计算。具体来说，AMP 单元将输入矩阵划分成多个子矩阵，每个子矩阵通过流水线结构依次经过多个计算阶段，最终得到输出矩阵。在计算过程中，AMP 单元采用了多种优化技术，如数据复用、数据压缩和快速存储等，以进一步提高计算效率。总的来说，AMP 单元是智能处理器（IPU）中的重要组成部分，用于加速矩阵乘积运算，提高机器学习和深度学习的计算效率。——译者注

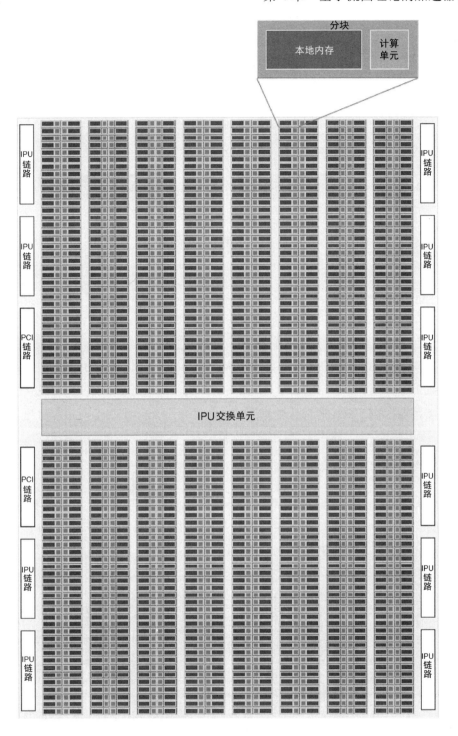

图 4.8　智能处理器架构

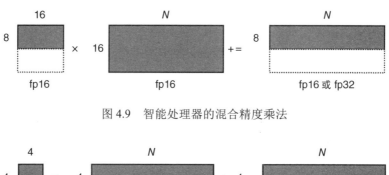

图 4.9 智能处理器的混合精度乘法

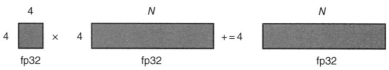

图 4.10 智能处理器的单精度乘法

4.2.3 内存架构

每个智能处理器（IPU）的基本单元（称之为分块）配置有 256 KB 的本地内存，整个处理器的基本单元所使用的内存总数为 304 MB。每个基本单元的寻址范围可达 21 位（总的寻址空间为 2^{21} 位），由 6 个执行单元共享，用于本地计算。本地暂存器以 6 个时钟周期的延迟代价提供 45 Tb/s 的聚合带宽。

4.2.4 互连架构

IPU 间通过 IPU 链路连接，为大型神经网络模型的处理提供计算能力和存储资源。2 个 IPU 间有 3 条 IPU 链路互连，双向带宽分别为 65 Gb/s，2 条链路用于内部传输。如图 4.11 所示，通过 PCIe-4 链路连接到主机系统。

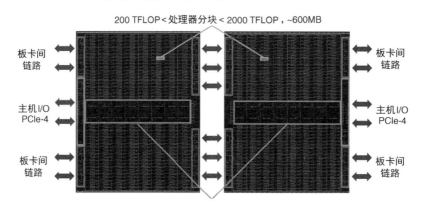

图 4.11 智能处理器的互连架构[9]

4.2.5　批量同步并行模型

IPU 采用如图 4.12 所示的批量同步并行（BSP）模型[10][11]，其工作分为本地计算、通信和（屏障）同步三个阶段。

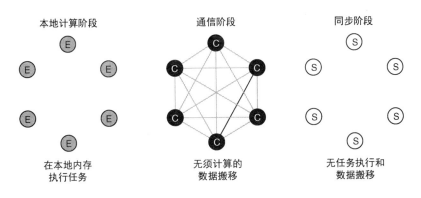

图 4.12　IPU 批量同步并行模型

● 计算阶段：各进程基于本地内存进行计算，进程之间没有通信。
● 通信阶段：各进程与目标进程交换信息，无任何计算。
● 同步阶段：在所有进程到达某个特定条件（称为屏障）之前，系统维持当前阶段。即在这个阶段内不会跳转到计算或者通信阶段，以避免出现数据不一致或者发生锁死。

在计算开始前，IPU 采用 BSP 模型准备好这种阶段时内核需要的指令序列，在计算阶段，内核只从本地内存读取计算需要的数据和指令。完成计算后，内核与其他单元进行通信。如图 4.13 和图 4.14 所示，并通过屏障同步来保证所有内核的工作同步。

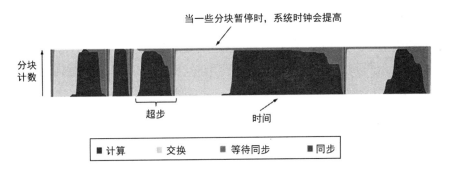

图 4.13　IPU 批量同步并行执行跟踪[9]

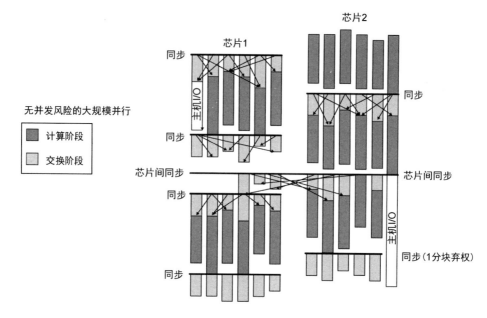

图 4.14 IPU 批量同步芯片间并行执行[9]

　　需要注意的是 Blaize GSP 和 Graphcore IPU 这两种加速器适用于云服务应用,这类分布式处理器架构能处理大规模并行业务。但受限于芯片面积(制造成本)和功耗(电池驱动下的持续时间)两个约束条件,不适用于嵌入式的移动推理场景。在嵌入式移动推理场景下,需要采用其他类型的深度学习加速器硬件。

思　考　题

1. 单指令多数据(SIMD)机器和多指令多数据(MIMD)机器之间的区别是什么?
2. 什么是数据流 TCS 模型?
3. 为什么 Blaize 选择深度优先调度(DFS)而不是广度优先调度(BFS)方法?
4. 为什么数据中心应用适合选择 Graphcore IPU?
5. 为什么批量同步并行(BSP)模型对 Graphcore IPU 很重要?
6. 与 CPU、GPU 架构相比,流图深度神经网络(DNN)处理器有哪些优势?
7. 流图 DNN 处理器的缺点是什么?

原著参考文献

[1] Chung, E., Fowers, J., Ovtcharov, K. et al. (2018). Serving DNNs in real time at datacenter scale with project brainwave. *IEEE Micro* 38 (2): 8–20.

[2] Fowers, J., Ovtcharov, K., Strauss, K., et al. (2014). A high memory bandwidth FPGA accelerator for sparse

matrix-vector multiplication. *IEEE 22nd Annual International Symposium on Field-Programmable Custom Computing Machines,* 36–43.

[3] Blaize. Blaize graph streaming processor: the revolutionary graph-native architecture. White paper, Blaize [Online].

[4] Blaize. Blaize Picasso software development platform for graph streaming processor (GSP): graph-native software platform. White Paper, Blaize [Online].

[5] Muthukrishnan, S. (2015). Data streams: algorithm and applications. *Foundations and Trends in Theoretical Computer Science* 1 (2): 117–236.

[6] McGregor, A. (2014). Graph stream algorithms: a survey. *ACM SIGMOD Record* 43 (1): 9–20.

[7] Abbas, Z., Kalavri, V., Cabone, P., and Vlassov, V. (2018). Streaming graph partitioning: an experimental study. *Proceedings of the VLDB Endowment* 11 (11): 1590–1603.

[8] Cook, V. G., Koneru, S., Yin, K., and Munagala, D. (2017). Graph streaming processor: a next-generation computing architecture. In: *Hot Chip.* HC29.21.

[9] Knowles, S. (2017). Scalable silicon compute. *Workshop on Deep Learning at Supercomputer Scale.*

[10] Jia, Z., Tillman, B., Maggioni, M., and Scarpazza, D. P. (2019). Dissecting the Graphcore IPU. arXiv:1912.03413v1.

[11] NIPS (2017). *Graphcore – Intelligence Processing Unit. NIPS.*

第 5 章　加速器的卷积计算优化

卷积运算占用了人工智能加速器 90%以上的计算资源。为了提高加速器的性能，最大程度地减少计算中的内存数据搬移，多采用数据复用策略，包括特征图复用、滤波器权重复用、psum 复用等。本章以带滤波分解技术和行固定（RS）的数据流处理为例说明数据复用的基本方法。

5.1　深度学习加速器——以 DCNN 加速器为例

深度学习加速器包括基于云的加速器和定制的嵌入式硬件加速器。文献[1][2]中介绍了加州大学洛杉矶分校（UCLA）推出的深度卷积神经网络（DCNN）加速器，此加速器采用 65 nm 工艺制造，加速器的硅面积为 5 mm^2。此加速器在 350 mW 的功耗条件下，实现了 152 GOPS 的峰值吞吐量和 434 GOPS/W 的单位能效。具备以下突出特点：

- 采用数据流方式，高能效最大限度地减少了数据访问；
- 在不增加内存带宽的条件下，采用交织架构实现多特性并行计算；
- 在不增加额外硬件的条件下，用深度滤波器解构数据，支持任意长度的卷积计算窗口设置，使加速器高度可重构；
- 采用额外的并行池化功能单元降低主卷积单元（CU）的负载。

5.1.1　系统架构

DCNN 加速器由缓冲区组、列（COL）缓冲区、累加（ACCU）缓冲区、卷积单元（CU）和指令解码器组成。缓冲区组存储中间数据，并与外部存储器交换这些数据。缓冲区组分为两组缓冲区，分别用于输入和输出数据。缓冲区组又分为 A 组和 B 组，分别存储奇数和偶数通道/特征。列缓冲区将缓冲区组输出重新映射到卷积单元引擎的输入。卷积单元引擎阵列由 16 个卷积单元组成，每个单元最多支持 3 个内核卷积。为减少内存访问，加快运算速度，所有处理采用 16 位精度定点格式。本地预缓存单元定期从直接内存访问（DMA）控制器获取数据，并更新卷积单元引擎中的权重和偏差值。

最后实现了能将卷积得到的部分和（psum）结果累加输出到有暂存器的累加缓冲区。如图 5.1 所示，累加缓冲区继承了降低卷积计算单元负荷的最大池化（max-pooling）功能单元。

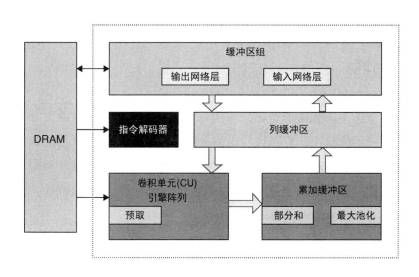

图 5.1　深度卷积神经网络的硬件架构

控制命令存储在外部存储器中，调用时加载到具有 128 深度的先入先出（FIFO）指令队列中以驱动加速器。如图 5.2 所示，控制命令分为配置命令和执行命令。配置命令配置网络层并启用池化和 ReLU 的功能。执行命令初始化卷积单元/池化，并配置各滤波器的分解次序和工作方式。

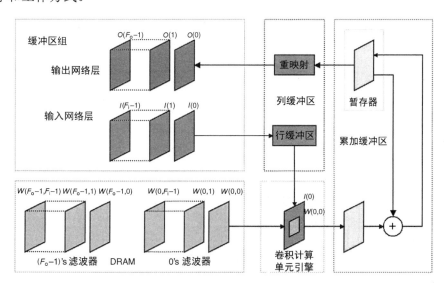

图 5.2　卷积计算

在卷积过程中，输入特征图按顺序加载到卷积计算单元（CU）引擎中，引擎使用相应的滤波器权重计算数据。

计算结果发送到累加缓冲区，并在暂存器中累加。加速器使用下一个滤波器权重重复这种过程，直到计算出所有输入特征图。

5.1.2 滤波器分解

滤波器核为了支持不同规格的数据，采用滤波器分解技术降低对硬件的要求，以简化硬件设计。将较大尺寸的卷积计算通过适当的分解，映射到 3×3 规模的卷积计算单元引擎完成计算。如果准备进行卷积计算的原始内核规模不能被 3 整除，则在相应位置添加零填充权重，将原始内核规模扩展为 3 的倍数。如图 5.3 所示，在计算过程中，填充了零值的扩展滤波器会输出与原始滤波器计算相同的结果。

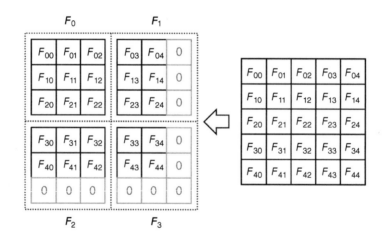

图 5.3 带零填充的滤波器分组

扩展后的滤波器由多个 3×3 规模的滤波器组成。每个滤波器根据原始滤波器左上角的位置分配移位地址。如图 5.4 所示，5×5 滤波器可分解为 4 个 3×3 滤波器，在 $F_0(0,0)$、$F_1(0,3)$、$F_2(3,0)$ 和 $F_3(3,3)$ 的移位地址上向原始滤波器输入填充一行和一列零元素。卷积计算之后，将计算结果重新组合成一个输出特征图。

将带有移位地址的输出特征图定义为

$$I_o\left(X,Y\right)=\sum_i I_{di}\left(X+x_i,Y+y_i\right) \tag{5.1}$$

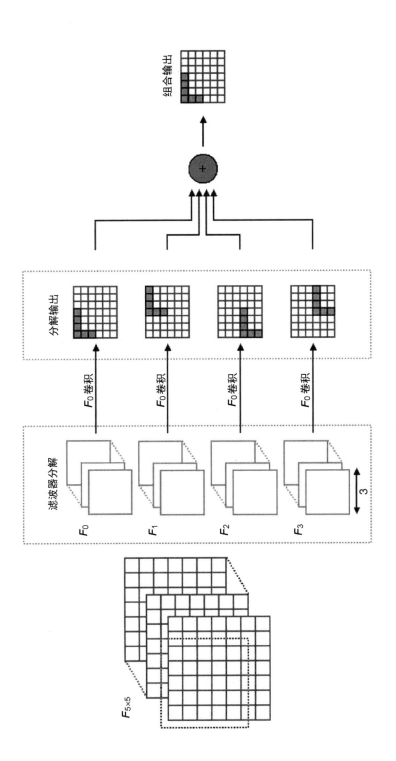

图 5.4　滤波器分组实现

其中，

I_o 是输出特征图；

I_{di} 是第 i 个分解滤波器的输出特征图；

(X, Y) 是当前输出地址；

(x_i, y_i) 是第 i 个分解滤波器的移位地址。

下面是滤波器分解过程的推导：

$$F_{3K}(a, b) = \sum_{i=0}^{3K-1} f(i, j) \times I_i(a+i, b+j)$$

$$F_{3K}(a, b) = \sum_{i=0}^{K-1}\sum_{j=0}^{K-1}\sum_{l=0}^{2}\sum_{m=0}^{2} f(3i+l, 3j+m) \times I_i(a+3i+l, b+3j+m) \tag{5.2}$$

$$F_{3K}(a, b) = \sum_{i=0}^{K-1}\sum_{j=0}^{K-1} F_{3ij}(a+3i, b+3j)$$

$$F_{3ij}(a, b) = \sum_{m=0}^{2}\sum_{l=0}^{2} f(3i+l, 3j+m) \times I_i(a+3i+l, b+3j+m) \tag{5.3}$$

$$0 \leqslant i < K-1, 0 \leqslant k < K-1$$

其中，

$F_{3K}(a, b)$ 是内核尺寸为 $3K$ 的滤波器；

$f(i, j)$ 是滤波器系数，(i, j) 是对应位置的滤波器权重；

$I_i(a+3i+l, b+3j+m)$ 是图样像素位置；

F_{3ij} 是 K^2 个不同的 3×3 内核尺寸的滤波器。

因此在保持精度的条件下，可以将 $3K \times 3K$ 滤波器的计算分解为 K^2 个不同的 3×3 规格滤波器的计算。

滤波器分解中以零填充的代价将硬件资源的效率最大化。效率损失计算公式为

$$\text{Efficiency loss} = \frac{\text{Zero} - \text{padding MAC}}{\text{Total MAC}} \tag{5.4}$$

如表 5.1 所示，比较不同规模的神经网络模型的效率损失，发现滤波器分解方法对小尺寸滤波器的模型应用效果较好。

表 5.1 效率损失比较

模　　型	内核大小	效率损失（%）
AlexNet	3～11	13.74
ResNet-18	1～7	1.64
ResNet-50	1～7	0.12
Inception v3	1～5	0.89

5.1.3　流处理架构

为了最大程度降低数据搬移的频率，流处理架构采用了新的滤波器权重和输入特征图复用策略：

● 滤波器权重对整个输入特征复用；

● 输入特征图复用以生成输出特征。

5.1.3.1　滤波器权重的复用

在 3×3 卷积计算过程中，滤波器权重存储于卷积计算单元中，输入特征图馈送到卷积计算单元执行点积计算，得到的部分和（psum）存储在累加缓冲区中以备后用。在完成所有输入特征图计算前，滤波器权重维持不变。采用类似方法处理 1×1 规格的卷积计算，只激活了 9 个乘法器中的 2 个，2 个乘法器同时分别计算奇偶通道的数据 psum，以加速整体运算。通过滤波器权重的移动实现数据流的流动。通过滤波器权重与输入特征图交互以执行卷积。如图 5.5 所示，为简化硬件设计，16 个 3×3 滤波器窗口并行处理多行数据。

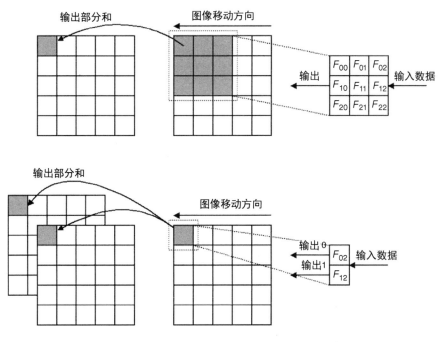

图 5.5　有数据流的数据流架构

如图 5.6 所示，为了最大化缓冲区组的输出带宽，将 16 行数据分为两组：奇数通道数据集和偶数通道数据集，2 个先入先出（FIFO）存储器分别与每个数据集配对，并将 8

个输入行传输到 10 个重叠的输出行，使 8 个 3×3 计算单元引擎能够与重叠数据并行运行，以提高整体性能。

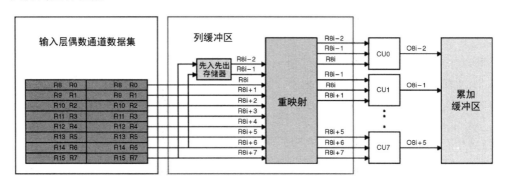

图 5.6 深度卷积神经网络加速器行数据缓冲区架构

5.1.3.2 输入通道复用

为了利用计算单元（CU）引擎资源进行 1×1 卷积计算，图 5.7 给出了一种交织架构，将 16 个数据集分为奇、偶通道数据集。将 2 个数据集与 2 个不同的滤波器权重相乘，通过计算单元引擎产生 32 个输出，求和函数组合相同的部分和（psum），以生成正确的结果。这样每个通道数据集的数据带宽降低一半，但由于采用奇、偶通道的实现方式，最终输出与输入带宽相同。$X(O,0)$ 至 $X(O,7)$ 表示奇数通道输入，$X(E,0)$ 至 $X(E,7)$ 表示偶数通道输入。$O(0,1)$ 至 $O(0,7)$ 和 $E(0,1)$ 至 $E(0,7)$ 分别是奇数/偶数通道的输出 psum。

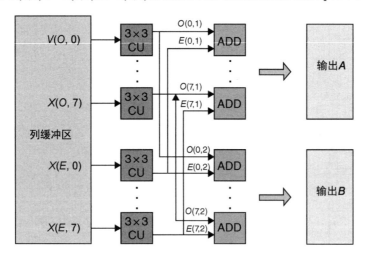

图 5.7 具有 1×1 卷积模式的数据流架构

5.1.4 池化

深度卷积神经网络（DCNN）加速器采用平均池化和最大池化两种池化函数。

5.1.4.1 平均池化函数

在卷积层中，输入/输出通道大小相等的情况下，采用计算单元（CU）引擎实现平均池化。此时，内核规模与池化窗口匹配，相应的滤波器权重设置为 $1/K^2$，剩余权重设置为零。这样，卷积计算就转换为平均池化函数的计算，

$$O\left[io\right]\left[r\right]\left[c\right]=\sum_{ii=0}^{l}\sum_{i=0}^{K-1}\sum_{j=0}^{K-1}I\left[io\right]\left[ii\right]\left[r+i\right]\left[c+j\right]\times W\left[io\right]\left[ii\right]\left[i\right]\left[j\right]$$

$$W\left[io\right]\left[ii\right]\left[i\right]\left[j\right]=\begin{cases}\dfrac{1}{K^2} & ,ii=io \\ 0 & ,ii\neq io\end{cases} \tag{5.5}$$

其中，

ii 是输入通道号；

io 是输出通道号；

(r, c) 是输出特征的行列位置；

W 表示滤波器权重矩阵中的元素；

K 是平均池化窗口大小。

5.1.4.2 最大池化函数

最大池化是累加缓冲区内的一个独立模块。最大池化模块连接到一个具有 8 行输出功能的暂存器。8 行数据共享列地址以支持并行访问。为了实现对不同步幅的卷积计算和池化规模的支持，使用多路复用器选择输入数据到相应的暂存器。如图 5.8 所示，最大池化单元是通过使用带有寄存器的四输入比较器实现的。这种比较器里的寄存器存储中间结果，比较器的工作需要 4 个数据参与，即 3 个输入数据和前一个比较周期的最大值。4 个数据比较后的结果，即最大池化结果，保留在比较器内以备下一次比较，直到处理完所有的输入数据，输出最终的最大池化结果。

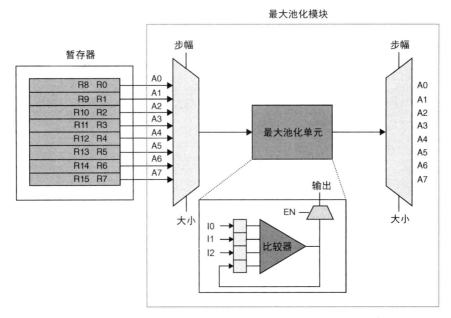

图 5.8　最大池化架构

5.1.5　卷积单元（CU）引擎

如图 5.9 所示，3×3 卷积单元（CU）引擎由 9 个处理单元（PE）和 1 个加法器组成，用于组合所有输出结果。PE 执行输入特征图和滤波器权重之间的乘法运算，部分和（psum）馈送到加法器进行求和。前一个 PE 将输入特征图传递给下一个 PE 进行处理。控制信号调度 PE 单元的打开或关闭，以适配计算中各种规格的卷积窗口，同时降低加速器的功耗。

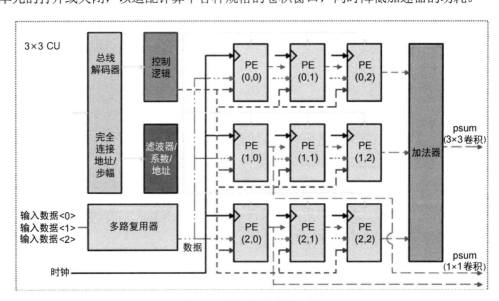

图 5.9　卷积单元引擎架构

对于 3×3 的卷积，从外部存储器获取滤波器权重，然后通过全局总线存储在卷积单元引擎中。乘法结果发送到加法器求和，之后得到输出特征图。在完成当前输入特征图的计算后，通知卷积单元更新滤波器权重，以准备下一次输入特征图计算。

对于 1×1 的卷积，只配置地址为(1,0)和(2,0)的 PE 分别处理奇、偶数据集的计算，然后直接输出结果。卷积单元引擎中的其他加法器处于空闲状态，因此下电以降低整体计算的功耗。

5.1.6　累加（ACCU）缓冲区

如图 5.10 所示，累加缓冲区累加部分和（psum），并将输出特征图存储在暂存器中。累加缓冲区由用于部分积累加的乒乓缓冲区、用于最大池化的临时存储和用于输出的读出块组成。在卷积计算过程中，只有一个缓冲区指向累加器用于处理卷积结果，另一个缓冲区连接到池化块以进行池化运算。当累加完成后，切换缓冲区进行池化运算，其他缓冲区则开始下一次部分求和。

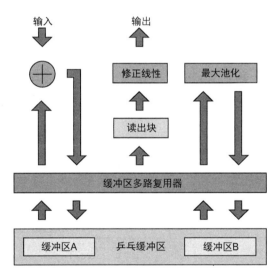

图 5.10　累加缓冲区架构

5.1.7　模型压缩

如图 5.11 所示，模型压缩技术[3]用于优化卷积计算。模型压缩技术训练神经网络模型，修剪零链接和低于阈值的链接，并对滤波器权重进行聚类并生成量化码本，然后应用哈夫曼编码实现 39∶1 到 49∶1 的压缩比以缩减码本大小。

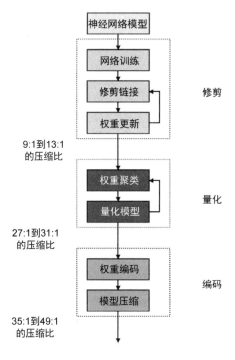

图 5.11   神经网络模型压缩技术

5.1.8   系统性能

UCLA 加速器采用 16 位定点算法执行深度学习推理操作。在 500 MHz 时功耗为 300 mW，峰值吞吐量达到 154 GOPS，能效高达 434 GOPS/W。表 5.2 给出 UCLA 加速器与另外两种深度学习加速器[①]的性能比较。

表 5.2   深度神经网络加速器性能比较

	UCLA DCNN 加速器	Stanford EIE 加速器	MIT Eyeriss 加速器
内核区域	5 mm²	12 mm²	16 mm²
技术	65 nm	65 nm	65 nm
门数	1.3 M	1.2 M	3.2 M
工作电压	1 V	0.82～1.17 V	1.2 V
峰值吞吐量	154 GOPS	84 GOPS	64 GOPS
能效	434 GOPS/W	166 GOPS/W	1.4 TOPS/w
精度	16 bits	16 bits	16 bits
最大池化	是	否	是
平均池化	是	否	否

---

① 8.1 节介绍的斯坦福大学 EIE 加速器和 5.2 节介绍的麻省理工学院的 Eyeriss 加速器。

5.2　Eyeriss 加速器

为了解决卷积计算在硬件架构上出现的瓶颈问题，麻省理工学院（MIT）提出的 Eyeriss 加速器采用了行固定（RS）方式处理数据流计算的思路，重新配置矩阵空间的计算架构以达到在计算过程中最大程度减少数据访问频率指标[4][5]，这种架构对深度学习的应用具有很大价值。麻省理工学院所提出的这种数据流的处理技术具有如下特点：

- 以顺序处理配置开发新型空间结构；
- 使用行固定（RS）数据流构建卷积计算的数据处理方法，以达到最大程度降低内存访问的效果；
- 支持 4 级内存层次结构以解决内存瓶颈。充分利用了 PE 暂存器（spad）和 PE 之间的通信，还最小化了全局缓冲区（GLB）和外部存储器的数据传输；
- 支持点对点和多播片上网络（NoC）架构；
- 采用游程长度压缩（RLC）格式消除无效的零运算。

5.2.1　Eyeriss 系统架构

按照数据处理的方式不同，Eyeriss 加速器的工作分为两个时钟域，即数据处理内核区域时钟和与外部通信的链路区域时钟。数据处理内核区域的时钟驱动 12×14 PE 阵列、全局缓冲区、游程长度压缩（RLC）编/解码器和 ReLU 单元电路的工作。数据处理内核区域时钟支持 PE 使用本地暂存器执行计算，或通过片上网络（NoC）与相邻 PE 或全局缓冲区（GLB）获取数据进行计算。系统支持 4 级内存结构，通过异步先入先出（FIFO）电路在 GLB 和外部存储器间进行数据交换，通过 NoC 在 PE 和 GLB 之间进行数据交换，使用暂存器在 ReLU 和 RLC 编/解码器间进行数据交换，暂存器负责本地临时数据的存储。在这个内核区域时钟驱动下，当前 PE 的工作可以单独控制，采用与其他 PE 独立的方式运行。外部通信的链路区域时钟专门驱动 64 位双向数据总线与外部存储器之间的数据传输（见图 5.12）。

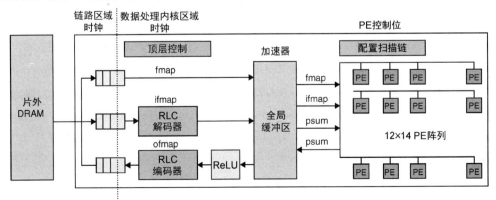

图 5.12　Eyeriss 系统架构

Eyeriss 加速器处理卷积神经网络的计算次序按照网络层进行。首先根据层功能及其大小配置 PE 阵列，然后执行映射并决定传输模式。从外部存储器加载输入特征图（ifmap）和滤波器特征图（fmap）映射到 PE 中进行计算。计算完成后将输出特征图（ofmap）写回外部存储器。

5.2.2 二维卷积运算到一维乘法运算的转换

为了充分利用硬件资源，实现二维数据的计算，需要将理论的二维卷积运算转换为一维向量乘法运算。即将 fmap 的二维表达转换为一维向量表达，这需要借助托普利兹矩阵（Toeplitz matrix）[①]得到 ifmap 的一维向量表达。然后在一维空间上将 fmap 向量和 ifmap 转换矩阵进行乘法计算得到 psum，然后不断累加 psum，得到最终的一维的 ofmap。最后按照二维矩阵格式重组一维向量输出。如图 5.13 所示，这种方法可以扩展到多通道硬件的相应计算上。

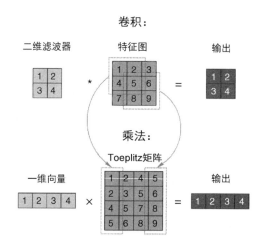

图 5.13　二维卷积到一维乘法的映射

图 5.14 至图 5.17 具体演示了将二维卷积计算变换为一维向量乘法计算的处理过程：在二维空间 2×2 fmap 与 3×3 ifmap 卷积得到了 ofmap。在一维空间中首先将 fmap 重组为一维向量格式，ifmap 重组为 Toeplitz 矩阵格式（见图 5.14）。然后采用传统的一维点积计算得到输出的一维向量，最后将输出向量重组得到二维 ofmap 矩阵。

---

① 托普利兹矩阵是一种特殊的矩阵。它的主对角线上的元素相等，平行于主对角线的线上的元素也相等，矩阵中的各元素关于次对角线对称，这种矩阵的特性使它的运算变得简单，因此被广泛应用于信号处理和系统设计中。——译者注

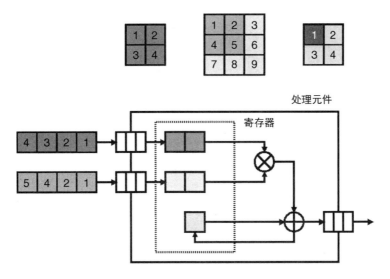

图 5.14　二维卷积到一维乘法转换的第一步

fmap 和相应 ifmap 的前 2 个元素都加载到暂存器中，执行乘法运算得到 psum，并存储在本地暂存器（local spads）[①]中以备下次乘法运算（见图 5.15）。

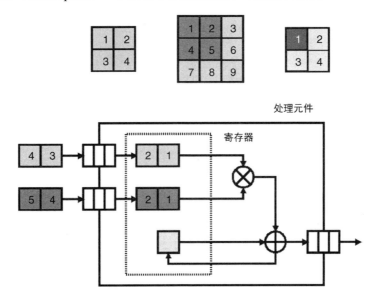

图 5.15　二维卷积到一维乘法转换的第二步

随后，2 个元素加载到处理元件（PE）中以再次进行乘法运算，并与存储的 psum进行累加（见图 5.16）。

[①] 本地暂存器是指处理器内部的暂存器，通常与某个特定的处理单元或者执行单元相关联，用于存储当前执行指令所需要的数据或结果。本地暂存器的大小通常比较小，但读写速度非常快，是计算过程中的临时存储器。在计算机架构中，每个处理器核通常都会有自己的本地暂存器，用于存储处理器核正在处理的数据或结果。在正文的描述中，相应的 psum 值被存储在本地暂存器中，以供后续计算使用。——译者注

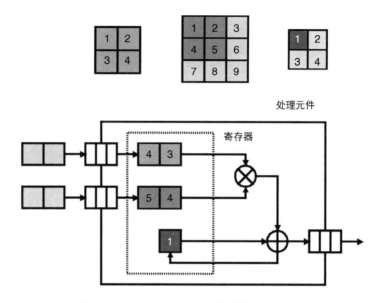

图 5.16　二维卷积到一维乘法转换的第三步

直到所有元素都用于乘法运算后，处理元件将结果输出到 ofmap。将相同的 fmap 和下一个 ifmap 加载到暂存器中，以开始新的乘法运算（图 5.17）。

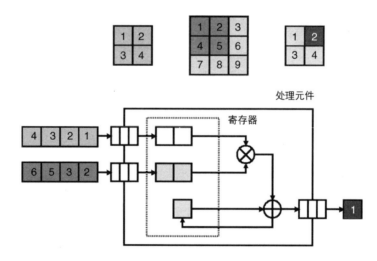

图 5.17　二维卷积到一维乘法转换的第四步

5.2.3　数据流固定（SD）

为了提高神经网络加速器的能效，降低数据搬移频率，可以采取复用本地存储数据的数据流固定方法，方法分为输出固定（OS）、权重固定（WS）和输入固定（IS）三种。

5.2.3.1 输出固定（OS）方法

输出固定方法旨在通过本地累加计算将 psum 读/写访问降至最低，以实现低能耗。在这个过程中，多个 ifmap 和 fmap 被送入累加器进行计算，同时在处理元件（PE）阵列上进行空间传输，以便进一步处理。这个方法的累加器配置简单（见图 5.18）。从索引循环[①]开始，在 ifmap 和 fmap 之间的矩阵乘法完成前，输出索引维持不变（见图 5.19）。

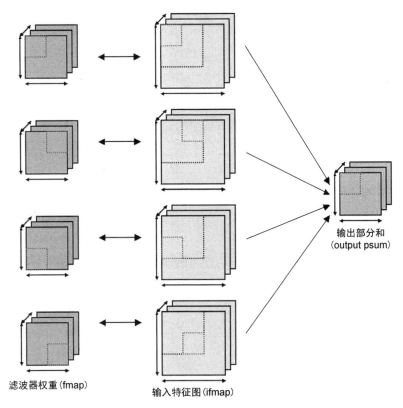

图 5.18 输出固定方法

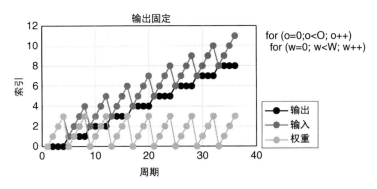

图 5.19 输出固定的索引循环

---

① 对于索引循环，O=9，I=12，W=4。

5.2.3.2 权重固定（WS）方法

如图 5.20 和图 5.21 所示，权重固定方法将 fmap 存储在本地缓冲区中以最小化读取访问。这种方法通过 fmap 复用以最大化卷积计算效率。同时通过处理元件（PE）阵列在空间上广播 ifmap 和 psum。权重固定方法采用索引循环，权重索引保持不变，并执行有效乘法算法。

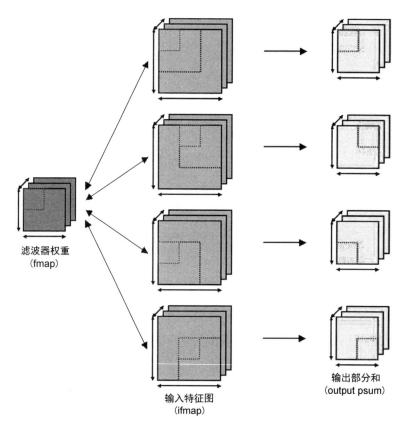

图 5.20　权重固定方法

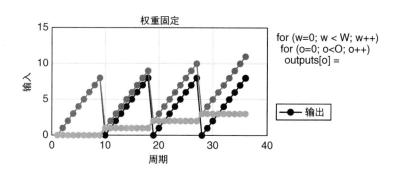

图 5.21　权重固定的索引循环

5.2.3.3 输入固定（IS）方法

输入固定方法在进行卷积计算时在本地复用 ifmap，以最小化读取次数，并且在处理元件（PE）阵列空间中单播 fmap 以及累加和（psum）。相比其他固定方法，输入固定方法的复用效率低（见图 5.22 和 5.23）。这种方法的主要缺点是需要更多的时钟周期完成卷积计算。

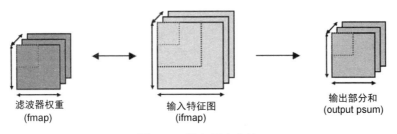

图 5.22 输入固定方法

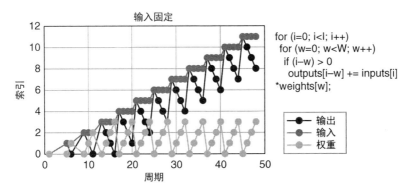

```
for (i=0; i<I; i++)
  for (w=0; w<W; w++)
    if (i−w) > 0
      outputs[i−w] += inputs[i]
*weights[w];
```

图 5.23 输入固定的索引循环

5.2.4 行固定（RS）数据流

为了将二维卷积计算转换为一维乘法计算，需要使用行固定（RS）数据流优化数据的搬移，Eyeriss 行固定数据流见图 5.24，行固定的方向如下：

● 复用跨 PE 的行特征图（fmap）
● 复用跨 PE 的对角线形输入特征图（ifmap）
● 垂直复用跨 PE 的行部分和（psum）

通过行固定数据流，数据存储在 PE 内进行计算。最大程度减少了全局缓冲区和外部存储器间的数据搬移。因为 fmap 和 ifmap 采用了时间交织格式，同一时钟周期的计算可以复用这些数据。直到计算结束，psum 结果发送到相邻 PE 进行下一次处理。数据复用和本地积累显著减少了对内存的访问，实现了节能。

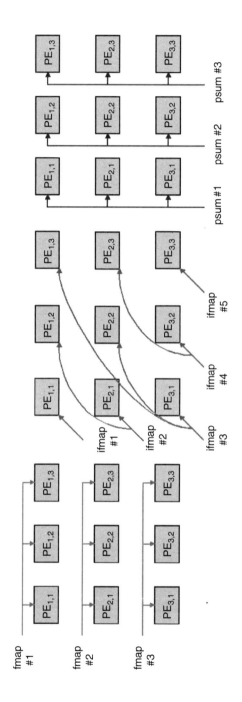

图 5.24　Eyeriss 行固定数据流

5.2.4.1　滤波器复用

在滤波器复用方式下，fmap 从外部存储器加载到暂存器（spad），并对同一组 ifmap 保持不变。多个 ifmap 加载到处理元件的暂存器中并连接在一起。每个处理元件在 ifmap 和相同 fmap 之间执行一维乘法生成 psum。psum 存储在处理元件的暂存器中以供进一步计算。这种方法最大限度地减少了 fmap 数据搬移，从而降低了功耗（见图 5.25）。

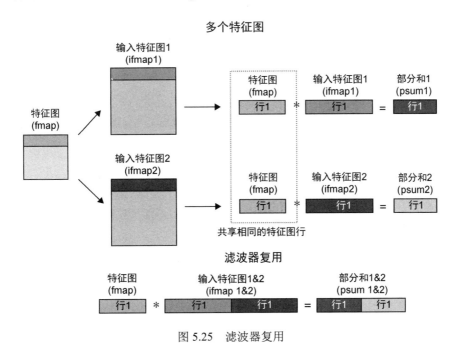

图 5.25　滤波器复用

5.2.4.2　输入特征图复用

为了复用输入特征图，首先将 ifmap 加载到处理元件的暂存器中，2 个 fmap 是时间交织格式的。每个处理元件在具有相同 ifmap 的 2 个 fmap 之间执行一维乘法。这种方法加快了整体计算速度，但是需要配置较大的暂存器以处理时间交织格式的 fmap 和 psum 数据（见图 5.26）。

5.2.4.3　部分和复用

在部分和（psum）复用方式下，fmap 和 ifmap 以时间交织的格式加载到处理元件中。这些 fmap 和 ifmap 数据在各处理元件中进行一维乘法计算。同一计算通道的计算结果累加为 psum。为此在硬件上安排暂存 ifmap 的存储空间，规划 fmap 暂存器的规模以支持 psum 的复用方式（见图 5.27）。

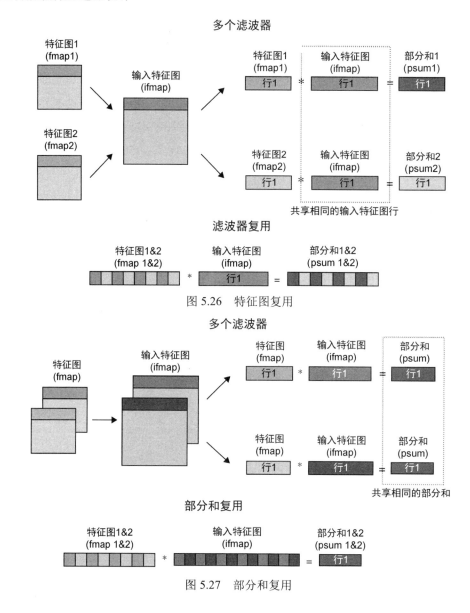

图 5.26 特征图复用

图 5.27 部分和复用

5.2.5 游程长度压缩（RLC）算法

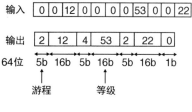

图 5.28 Eyeriss 游程长度压缩

神经网络中的 ReLU 模块将计算通路中出现的负值元素改写为零，这在计算网络中引入了稀疏性。为避免对这些零元素的无效零计算，缓解内存存取瓶颈，Eyeriss 加速器采用游程长度压缩（RLC）算法对非零元素进行编码，编码过程如图 5.28 所示，数据以 64 位的 RLC 编码格式存储，这种格式由 3 组游程和对应等级参数构成。5 位游程参数表示 31 个连零的最大值，后跟 16

位等级参数用于存储非零数据。最后 1 位指示该字是否为编码的结尾。

除第一层的输入特征图（ifmap）外，所有特征图（fmap）和 ifmap 均采用 RLC 格式编码并储存在外部存储器中。Eyeriss 加速器从外部存储器读取编码的 ifmap，并通过 RLC 解码器对其进行解码。卷积计算结果经过 ReLU 层的处理产生填零元素。Eyeriss 加速器的 RLC 编码器对数据进行压缩，去除无效零元素，并以 RLC 格式将数据写回外部存储器存储非零元素的数据。这种设计以 5%～10% 的代价实现了外部存储数据 30%～75% 的压缩，这样就降低了内存访问频率，并且显著降低了整体能耗。

5.2.6　全局缓冲区（GLB）

Eyeriss 加速器与外部存储器之间的数据交换是通过全局缓冲区（GLB）与异步接口通信实现的。除了用外部存储器存储数据，GLB 还存储用于本地计算的 fmap、ifmap、ofmap 和 psum。当处理元件（PE）处理当前数据时，会准备下一步计算过程所需的 fmap。完成当前计算后，即采用新加载的 fmap 开始计算。GLB 支持对各种层尺寸的行固定（RS）数据流进行相应的处理配置。

5.2.7　Eyeriss PE 架构

如图 5.29 所示，Eyeriss PE 包括 3 种不同类型的暂存器（spad），分别存储 fmap、ifmap 和 psum。这些暂存器为数据处理提供了足够的内存带宽。数据通路的计算采用 3 级流水线配置：暂存器访问、fmap 和 ifmap 乘法以及 psum 累加。所有运算都是以 16 位算术运算完成的。为减少内存存储开销，乘法结果从 32 位截断为 16 位。输出最终得到的累加计算 psum 结果。然后数据输出并储存在 spad 中，为后续的卷积运算准备相应数据，最终获得 ofmap 结果。

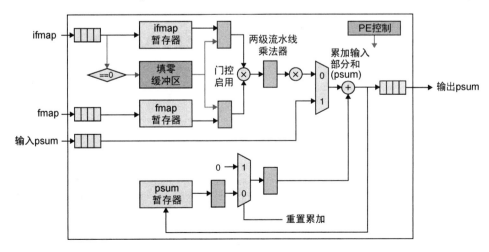

图 5.29　Eyeriss PE 架构

为消除无效零值对计算效率的影响，PE 还支持数据门控功能。当 PE 检测到零值元素时，其门控逻辑电路禁用 fmap 暂存器读取和数据路径的乘法运算，这样可以降低 45% 的功耗。

5.2.8 片上网络（NoC）

片上网络对全局缓冲区和处理元件（PE）阵列之间的数据传输进行管理。片上网络分为全局输入网络（GIN）和全局输出网络（GON）。全局输入网络的目标是使用单周期多播在全局缓冲区和 PE 间进行数据传输，采用 Y 总线（Y-bus）和 X 总线（X-bus）架构的两级内存层次结构来实现（见图 5.30）。

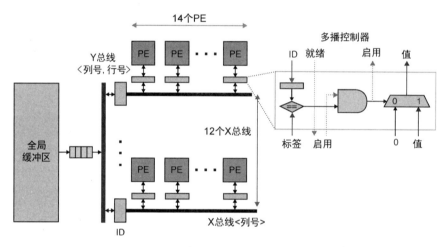

图 5.30 Eyeriss 全局输入网络

全局缓冲区将数据传输到垂直方向的 Y 总线，这个垂直总线连接 12 个水平方向的 X 总线。每个 X 总线连接此行的 14 个 PE（共 168 个 PE[1]）。顶层控制器生成带有唯一标签 <行号，列号>的数据包，用于数据传输。Y 总线上的 12 个多播控制器（MC）对标签 ID 进行解码，并将结果（行标签）与 X 总线的行 ID 进行比较。X 总线上的 14 个多播控制器（MC）使用 PE 的列 ID 检查列标签，保证将数据包传递到目标 PE。系统会关闭地址不匹配的 X 总线和 PE 供电，以实现低功耗工作。

下面以 AlexNet 网络的标签 ID[2]为例说明数据传递过程。AlexNet 网络使用复制和折

---

① Eyeriss 采用 168 个物理 PE 阵列来处理卷积运算，这个数字是根据 Eyeriss 芯片设计的一种最优布局来确定的。Eyeriss 芯片设计者们通过测试发现，168 个 PE 阵列是一种有效的局部最优解决方案，既可以满足处理卷积计算的要求，又可以提供最低的功耗和最高的性能。——译者注

② 标签 ID 指对逻辑阵列中的不同位置进行标记，以便在数据传递过程中能够将数据正确地路由到相应的位置。标签 ID 通常是硬件设计中的概念，用于指示处理器或其他组件的不同位置或功能。在这里，AlexNet 是使用标签 ID 进行数据路由的一个示例，标签 ID 是在设计智能处理器（IPU）时定义的。——译者注

叠[①]将逻辑阵列映射到物理 PE。ifmap 根据 CONV1、CONV2、CONV3、CONV4 和 CONV5 的 AlexNet 层配置的行 ID（X 总线）和列 ID（PE）进行传递。对于标签 ID(0,3)，灰色突出显示的 X 总线和 PE 被激活，以在卷积计算期间接收数据（见图 5.31 至图 5.34）。

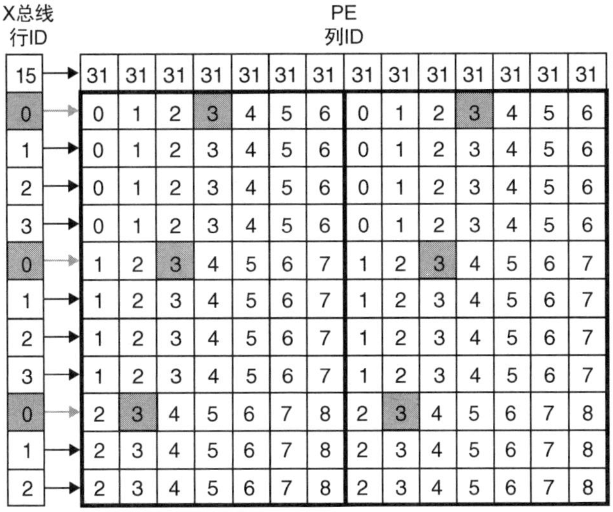

图 5.31　Eyeriss PE 映射（AlexNet CONV1）

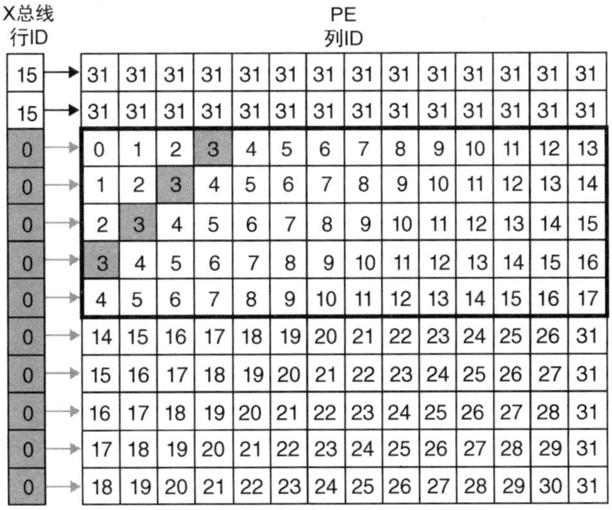

图 5.32　Eyeriss PE 映射（AlexNet CONV2）

---

① 复制和折叠是神经网络映射到物理硬件的一种技术，旨在最大程度地利用硬件资源，提高计算效率。在复制和折叠技术中，网络中的一些层或子图被复制多次，并在硬件上折叠以充分利用硬件资源。例如，在 AlexNet 网络中，卷积层和全连接层可以被复制多次，并在硬件上折叠以充分利用硬件资源，从而提高计算效率。复制和折叠技术的实现方式有很多种，其中包括分组卷积、通道复制等。——译者注

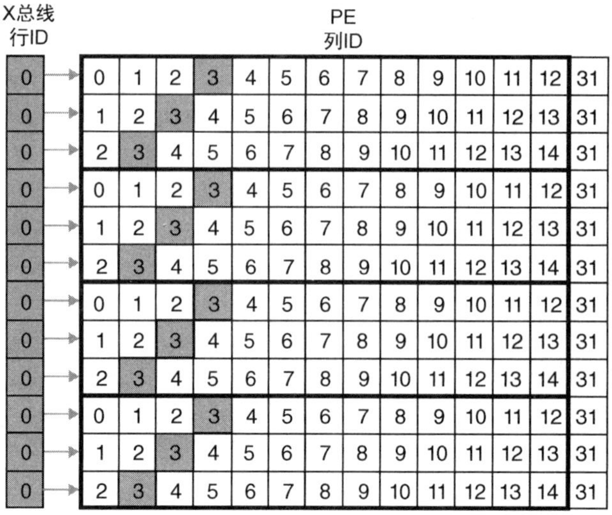

X总线 行ID   **PE 列ID**

行ID	0	1	2	3	4	5	6	7	8	9	10	11	12	13	14	31
0	0	1	2	3	4	5	6	7	8	9	10	11	12			31
0	1	2	3	4	5	6	7	8	9	10	11	12	13			31
0	2	3	4	5	6	7	8	9	10	11	12	13	14			31
0	0	1	2	3	4	5	6	7	8	9	10	11	12			31
0	1	2	3	4	5	6	7	8	9	10	11	12	13			31
0	2	3	4	5	6	7	8	9	10	11	12	13	14			31
0	0	1	2	3	4	5	6	7	8	9	10	11	12			31
0	1	2	3	4	5	6	7	8	9	10	11	12	13			31
0	2	3	4	5	6	7	8	9	10	11	12	13	14			31
0	0	1	2	3	4	5	6	7	8	9	10	11	12			31
0	1	2	3	4	5	6	7	8	9	10	11	12	13			31
0	2	3	4	5	6	7	8	9	10	11	12	13	14			31

图 5.33 Eyeriss PE 映射 （AlexNet CONV3）

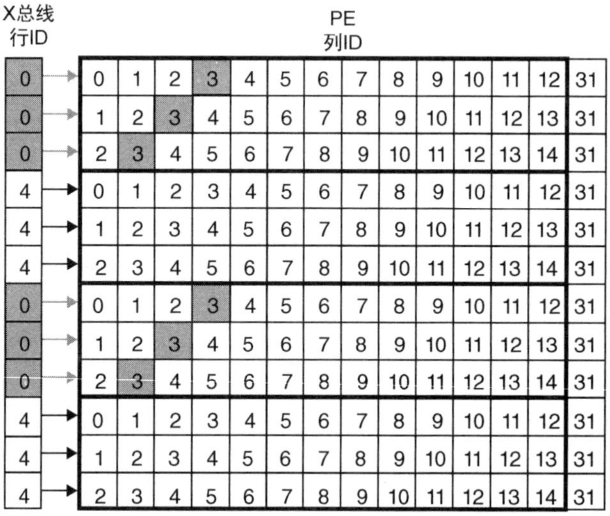

X总线 行ID   **PE 列ID**

行ID	0	1	2	3	4	5	6	7	8	9	10	11	12	13	14	31
0	0	1	2	3	4	5	6	7	8	9	10	11	12			31
0	1	2	3	4	5	6	7	8	9	10	11	12	13			31
0	2	3	4	5	6	7	8	9	10	11	12	13	14			31
4	0	1	2	3	4	5	6	7	8	9	10	11	12			31
4	1	2	3	4	5	6	7	8	9	10	11	12	13			31
4	2	3	4	5	6	7	8	9	10	11	12	13	14			31
0	0	1	2	3	4	5	6	7	8	9	10	11	12			31
0	1	2	3	4	5	6	7	8	9	10	11	12	13			31
0	2	3	4	5	6	7	8	9	10	11	12	13	14			31
4	0	1	2	3	4	5	6	7	8	9	10	11	12			31
4	1	2	3	4	5	6	7	8	9	10	11	12	13			31
4	2	3	4	5	6	7	8	9	10	11	12	13	14			31

图 5.34 Eyeriss PE 映射 （AlexNet CONV4/CONV5）

为了将神经网络的各层映射到 PE 阵列，按照 PE 阵列的数据共享和 psum 累加的要求设计相应的映射策略，但存在两种例外：

- 如果神经网络要求的 PE 集群超过 Eyeriss 加速器的 168 个物理 PE 阵列，则将 PE 集群分割为多个条带进行卷积计算。
- 如果神经网络要求的 PE 集群小于 Eyeriss 加速器的 168 个物理 PE 阵列，但是这些物理 PE 阵列的宽度大于 14 且高度大于 12，Eyeris 加速器不能处理这种规格的配置。

这里继续以 AlexNet 模型映射到 Eyeriss 加速器 PE 的过程为例进行说明。将 AlexNet CONV1 层的 11×55 PE 集群（软件模型）映射到 Eyeriss 加速器的两段 11×7 规模的 PE（硬件）计算。AlexNet CONV2 的 5×27 PE 集群分割为 5×14 和 5×13 两段，映射到 Eyeriss 加速器的 PE 阵列中。AlexNet 网络的 CONV3、CONV4 和 CONV5 层 3×13 PE 集群完全匹配到三段 PE 阵列中。采用 RS 数据流模式，PE 独立处理多个分段数据，在计算后，组合输出最终卷积结果。对不参与计算的 PE 单元下电以节省能源。这种方法显著提高了系统的整体性能（见图 5.35 至图 5.38）。

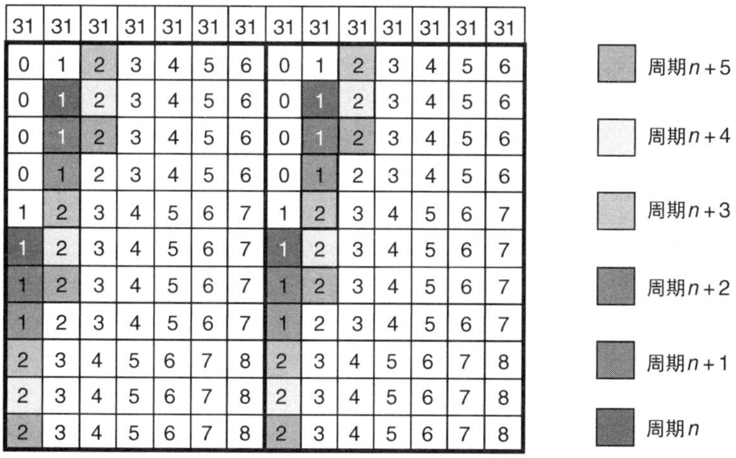

图 5.35　Eyeriss PE 运算（AlexNet CONV1）（见彩插）

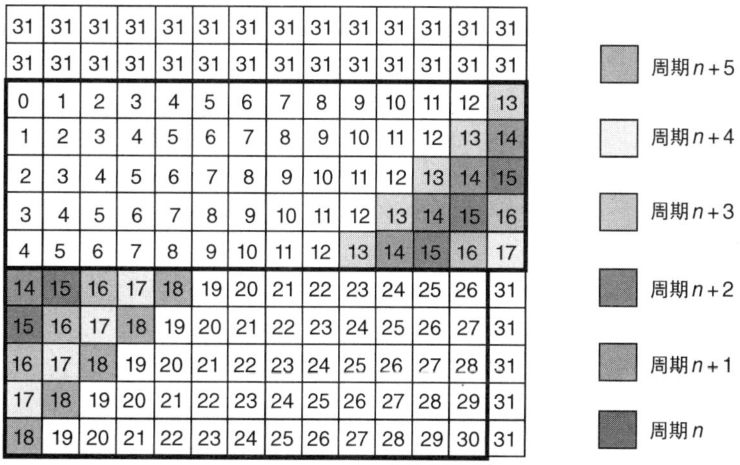

图 5.36　Eyeriss PE 运算（AlexNet CONV2）（见彩插）

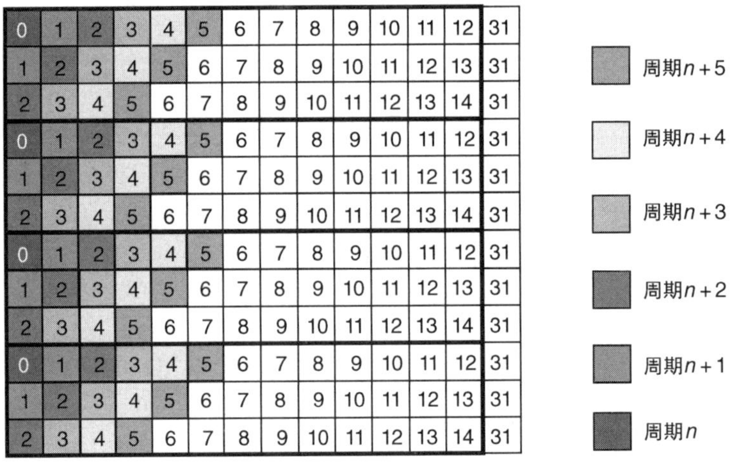

图 5.37　Eyeriss PE 运算（AlexNet CONV3）（见彩插）

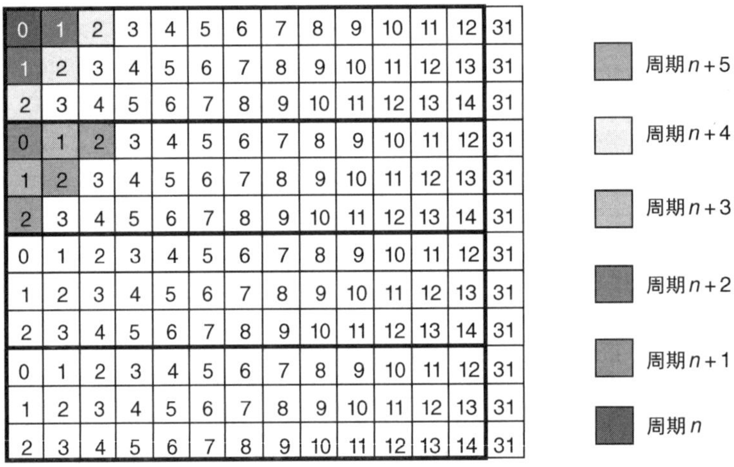

图 5.38　Eyeriss PE 运算（AlexNet CONV4/CONV5）（见彩插）

5.2.9　Eyeriss v2 系统架构

MIT 开发了 Eyeriss v2 加速器[6-7]以支持不规则数据模式和网络稀疏性（见图 5.39 和图 5.40）。Eyeriss v2 加速器的新功能包括：

- 采用新的分层网状片上网络（NoC）支持高内存需求。当数据复用率较低时，从外部网络搬移更多的数据到 PE 处理。当数据复用率较高时，利用空间数据共享技术将数据搬移最小化。
- 采用压缩稀疏列（CSC）编码方案消除无效的零运算。同时也减少了内存存储量，降低了数据的搬移次数。
- 应用行固定增强（RS+）数据流技术，充分发挥 PE 的算力。

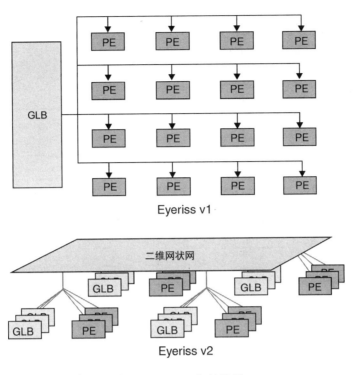

图 5.39　Eyeriss 架构比较

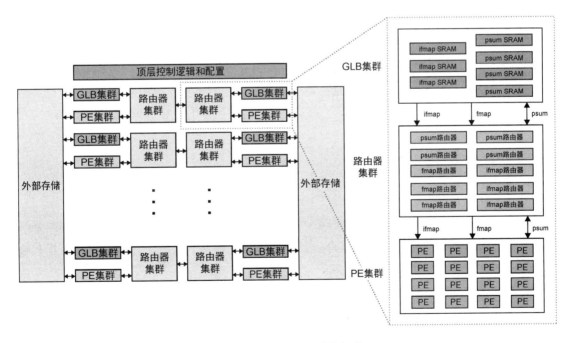

图 5.40　Eyeriss v2 系统架构

Eyeriss v1 加速器采用两级层次的策略，通过一个扁平的多播 NoC 将 GLB 和 PE 连接起来进行数据处理；Eyeriss v2 加速器采用分层网状配置，将 GLB 和 PE 分组到具有灵活 NoC 的集群中。分离的 NoC[①]有效传输 3 种数据：ifmap、fmap 和 psum。如表 5.3 所示，分层网状网由 GLB 集群、路由器集群和 PE 集群阵列组成。

表 5.3　Eyeriss v2 架构层次

层　　次	组件数量
集群阵列	8×2 PE 集群
	8×2 GLB 集群
	8×2 路由器集群
GLB 集群	3×ifmap SRAM 存储体（1.5 KB）
	4×psum SRAM 存储体（1.875 KB）
路由器集群	3×ifmap 路由器（4 src/dst ports）
	3×fmap 路由器（2 src/dst ports）
	4×psum 路由器（3 src/dst ports）
PE 集群	3×4 PE

分层网状网支持不同类型的数据搬移：

● ifmap 加载到 GLB 集群时，ifmap 或存储于 GLB 内存，或传输到路由器集群；

● 计算后 psum 存储在 GLB 内存中，最终的结果 ofmap 直接写至外部内存；

● fmap 传输到路由器集群并存储在 PE spad 中用于计算。

与 Eyeriss v1 加速器类似，Eyeriss v2 加速器支持两级控制逻辑。顶层控制逻辑负责外部存储器和 GLB 间、PE 和 GLB 间的数据传输。底层控制逻辑负责所有 PE 操作和数据的并行处理。

5.2.10　分层网状网

如图 5.41 为三种片上网络（NoC）的配置，每种配置各有特点：

● 广播网络以有限的存储带宽实现空间数据高复用。如果数据复用率低，数据将按顺序传递到不同目的地，这会导致性能下降。高带宽的数据总线可以提高数据传输效率，缺点是需要更大的缓存。

● 单播网络支持高内存带宽，但不支持高能耗的空间数据复用。

● 全连接网络（all-to-all）支持高内存带宽和数据复用，但不支持高能耗的网络扩展。

---

① 在这里，"分离"指使用不同的网络互连来传输不同类型的数据。在 Eyeriss v2 中，采用 3 种不同类型的数据：ifmap、fmap 和 psum，每种数据都需要在网络中传输，因此采用了分离的 NoC 来处理它们。具体来说，GLB 集群使用一种 NoC，路由器集群使用另一种 NoC，PE 集群使用第三种 NoC，以实现更高效的数据传输和处理。这种分离的方法可以提高数据吞吐量和减少网络拥塞。——译者注

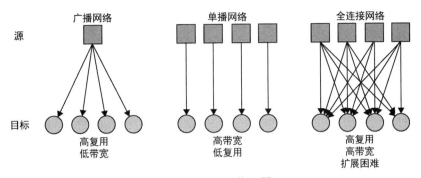

图 5.41　片上网络配置

新型分层网状片上网络（HM-NoC）可以支持 RS+数据流的处理。这种起源于全连接网络的技术，可重新配置为 4 种模式（见图 5.42）：

● 广播：单输入单权重

● 单播：多输入多权重

● 分组多播：共享权重

● 交织多播：共享输入

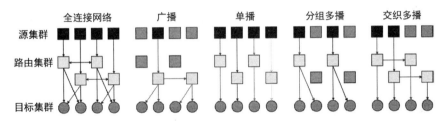

图 5.42　网状网络配置

HM-NoC 由源地址、目标地址和相关路由器组成。在设计阶段，根据算法确定源地址、目标地址和路由器组在集群中的构成；在计算模式采取这个固定的组合。路由器集群通过一对一、多对多和源/目标的 HM-NoC 与其他集群建立连接（见图 5.43）。

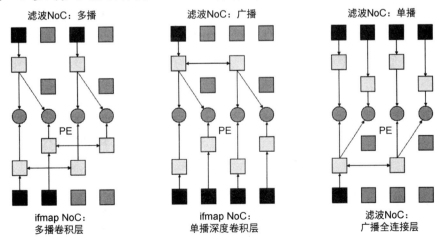

图 5.43　Eyeriss v2 分层网状网举例

HM-NoC 可以按照具体加载的神经网络模型，配置为卷积层、深度卷积层和全连接层等各种神经网络的网络层：

- 卷积层：ifmap 和 fmap 在计算过程中复用，配置为分组多播或交织多播；
- 深度卷积层：fmap 复用，fmap 广播到 PE，ifmap 从 GLB 中加载；
- 全连接层：ifmap 广播到各 PE，同时 fmap 采用单播模式加载。

路由器集群有 4 个源/目标端口，并以广播、单播、分组多播、交织多播这 4 种路由模式通过这些端口接收/传输数据。

5.2.10.1 输入激活 HM-NoC

如图 5.44 所示，路由器集群中的 3 个 ifmap 路由器（图中路由器集群内的三个方形示意单元）分别配置上、下、左、右 4 个端口。左侧端口从 GLB 集群中的 SRAM 存储体内获得 ifmap，ifmap 路由器采用上、左、右共 3 组源/目标端口与其他集群的 ifmap 路由器进行数据处理和交换。ifmap 路由器的下方端口与内部的存储体进行数据交换，并将输出数据传输到 PE 集群（图中 PE 集群中的某列圆形示意单元）。

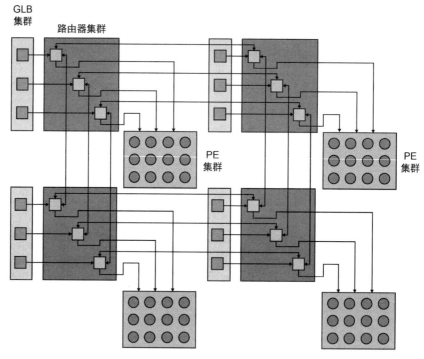

图 5.44　Eyeriss v2 输入激活分层网状网

5.2.10.2 滤波器权重 HM-NoC

如图 5.45 所示，路由器集群中的每个 fmap 路由器都连接到 PE 集群中的每一行 PE。

去除垂直网状连接，保留水平网状连接以供空间数据复用。第一个源端口和目标端口用于在相邻集群之间的数据收发。第二个源端口用于将数据从外部存储器加载到 GLB 中，第二个目标端口连接到集群内的 PE 阵列。

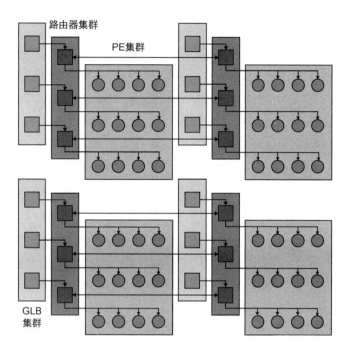

图 5.45　权重分层网状网

5.2.10.3　部分和 HM-NoC

如图 5.46 所示，路由器集群中的 4 个 psum 路由器连接到 GLB 集群中的 psum SRAM 存储体和 PE 集群中的某列 PE。移除水平网状连接，垂直网状连接用于 psum 累加。第一个源端口用于从顶部集群接收数据，第一个目标端口用于将数据传输到底层集群。第二对源/目标端口分配给 psum SRAM 存储体。第三个源端口连接顶部 PE 集群列，第三个目标端口连接底部 PE 集群列。

HM-NoC 架构为 Eyeriss v2 加速器带来了强大的可扩展性。这里介绍在 Eyeriss v1 和 v2 加速器上加载 AlexNet、GoogleNet 和 MobileNet 等模型在不同数量的 PE 配置下的性能对比，PE 配置包括 256、1024 和 16384 个。由于 NoC 设计对多播任务提供的内存带宽不足，Eyeriss v1 加速器的性能提升有限。Eyeriss v2 加速器的性能与 PE 的数量成线性关系。使用 16384 个 PE 配置可实现 85% 的性能改善（见图 5.47 和图 5.48）。5.2.13 节将介绍如何配置以进一步提高性能的思路。

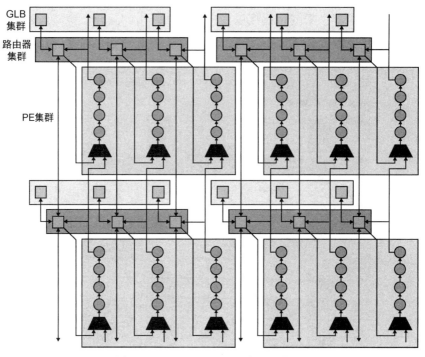

图 5.46 Eyeriss v2 psum 分层网状网

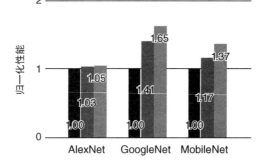

图 5.47 Eyeriss v1 神经网络模型性能[6]

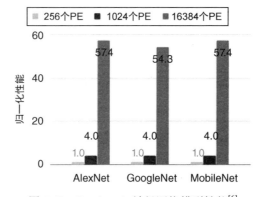

图 5.48 Eyeriss v2 神经网络模型性能[6]

5.2.11　压缩稀疏列格式

Eyeriss v2 加速器应用压缩稀疏列（CSC）编码方案跳过 ifmap 和 fmap 无效的零运算，在提高系统吞吐量的同时降低功耗。CSC 格式与 RLC 格式类似，使用数据向量存储非零元素。计数器向量记录前一个非零元素的前导零的数量，额外的地址向量指示了编码段的起始地址，如图 5.49 所示。这样允许 PE 轻松处理非零数据。滤波器权重稀疏矩阵用于说明 CSC 编码方案。PE 读取起始地址为 0 和一个前导 0 的第一列非零元素 A。对于第二列的读取，从起始地址为 2[①]且无前导 0 的非零元素 C 开始。对于第五列的读取，重复起始地址 6，以指示元素 G 之前的空列。最后一个元素显示数据向量中元素的总数。

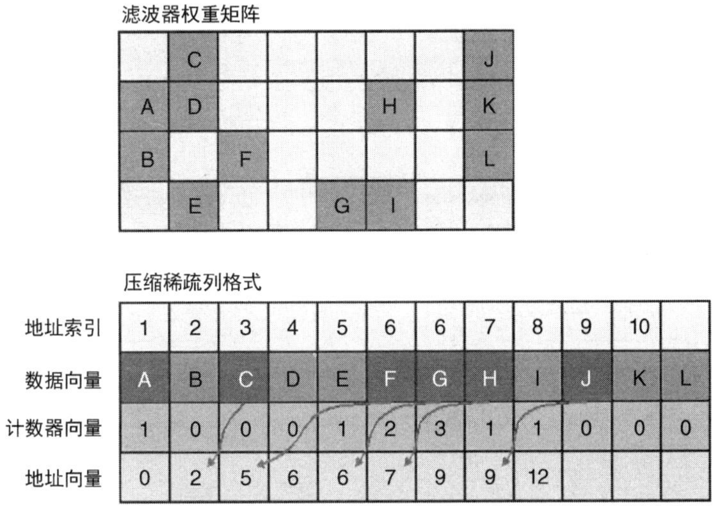

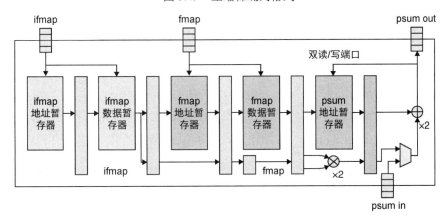

图 5.49　压缩稀疏列格式

图 5.50　Eyeriss v2 PE 架构

---

① 起始地址对应于地址为 2 的最后一个数据向量元素 B。

Eyeriss v2 中的 PE 支持跳过零元素计算的运算，PE 由带 5 个暂存器（spad）的 7 个流水线阶段组成，用于存储 ifmap 和 fmap 的地址/数据以及 psum 数据，见图 5.50。由于计算的流程配置对数据的内容存在依赖，PE 首先检查地址以确定非零数据。在 fmap 之前加载 ifmap，以跳过零 ifmap 运算。如果 ifmap 为非零，且相应的 fmap 为非零，则数据进入流水线进行计算。对于零 fmap，PE 会禁用流水线以降低功耗。

PE 支持单指令多数据（SIMD）操作，它将 2 个 fmap 提取到流水线进行计算，不仅提高了吞吐量，而且复用 ifmap 以提高系统性能。

5.2.12　行固定加（RS+）数据流

Eyeriss v2 加速器增强了数据传输机制，采用具有行固定加数据流技术的 PE，以达到 PE 的充分利用。如图 5.51 所示，为实现模型到不同规模 PE 阵列的维度映射的匹配，对输入数据进行分块，得到空间碎片数据。行固定加数据流技术解决了并行处理深度卷积计算的 PE 空闲问题。

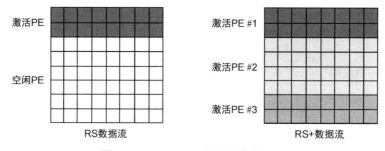

图 5.51　Eyeriss v2 行固定加数据流

与 Eyriss v1 版本相比，这种数据流处理方法在性能方面获得两点重要提升：一是使其可采用数据图样化（data pattern）配置系统；二是对不同规模的 PE 集群有良好的计算匹配度。

5.2.13　系统性能

表 5.4 给出了 Eyeriss v1、Eyeriss v1.5 和 Eyeriss v2 这 3 种架构的系统参数。如表中所示，Eyeriss v1.5 加速器与 Eyeriss v2 加速器设计类似，不支持稀疏处理和 SIMD，但面积减小了一半。

表 5.4　三个版本 Eyeriss 加速器的架构对比

	Eyeriss v1	Eyeriss v1.5	Eyeriss v2
数据精度	激活和权重：8 位，部分和：20 位		
PE 数量	192	192	192
MAC 数量	192	192	384

续表

	Eyeriss v1	Eyeriss v1.5	Eyeriss v2
片上网络	多播	分层网状网	分层网状网
PE 架构	密集的	密集的	稀疏的
支持 PE SIMD	否	否	是
全局缓冲区大小	192 KB	192 KB	192 KB
区域（NAND2 门）	1394 k	1394 k	2695 k

如图 5.52 和图 5.53 所示，Eyeriss v2 加速器将稀疏 AlexNet 模型的性能提高了 42.5 倍，能效提高了 11.3 倍，这是因为压缩稀疏列（CSC）编码减少了无效的零运算和数据搬移。

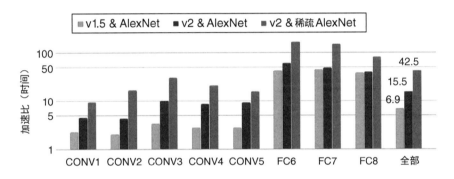

图 5.52 在 Eyeriss 架构上加载 AlexNet 模型得到的吞吐量加速比[6]

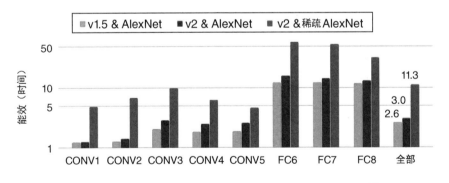

图 5.53 在 Eyeriss 架构上加载 AlexNet 模型得到的能效[6]

如图 5.54 和图 5.55 所示，由于 MobileNet 模型缺乏数据复用机制，Eyeriss v1.5 和 v2 加速器的性能提升有限，性能分别提升 10.9 倍和 12.6 倍。Eyeriss 加速器的 CSC 编码方法对单通道输入和输出的深度卷积层计算提升无效。

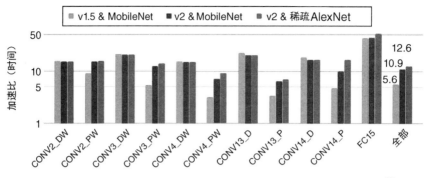

图 5.54　在 Eyeriss 架构上加载 MobileNet 模型得到的吞吐量加速比[6]

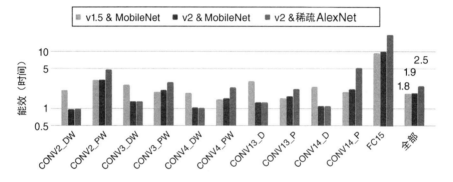

图 5.55　在 Eyeriss 架构上加载 MobileNet 模型得到的能效[6]

思 考 题

1．若将 DCNN 滤波器尺寸更改为 5×5，效率损失是多少？

2．如何修改 DCNN 加速器以支持稀疏编码？

3．如何将 Eyeriss 一维向量乘法转换为二维向量乘法以支持卷积计算？

4．Eyeriss v2 分层网状网的瓶颈是什么？

5．游程长度压缩（RLC）和压缩稀疏列（CSC）编码方法的主要区别是什么？

6．CSC 格式是否充分利用了算力？

7．Eyeriss v2 加速器提升性能的具体方法有哪些？

原著参考文献

[1] Du, L., Du, Y., Li, Y. et al. (2018). A reconfigurable streaming deep convolutional neural network *Accelerator* for internet of things. *IEEE Transactions on Circuits and Systems I* 65 (1): 198–208.

[2] Du, L. and Du, Y. (2017). Machine learning - Advanced techniques and emerging applications. *Hardware Accelerator Design for Machine Learning*, Intecopen.com, pp. 1–14.

[3] Han, S., Mao, H. and Dally, W. J. (2016). Deep compression: Compressing deep neural networks with pruning, trained quantization and huffman coding. *International Conference on Learning Representations (ICLR)*.

[4] Chen, Y.- H., Krishna, T., Emer, J., and Sze, V. (2017). Eyeriss: an energy- efficient reconfigurable *Accelerator* for deep convolutional neural network. *IEEE Journal of Solid- State Circuits* 52 (1): 127–138.

[5] Emer, J., Chen, Y-H., and Sze, V. (2019). *DNN Accelersator Architectures, International Symposium on Computer Architecture (ISCA 2019), Tutorial.*

[6] Chen, Y.- H., Emer, J. and Sze, V. (2018). Eyeriss v2: A Flexible and High- Performance Accelerator for Emerging Deep Neural Networks. arXiv:1807.07928v1.

[7] Chen, Y.-H., Yang. T.-J., Emer J., and Sze, V. (2019). Eyeriss v2: A Flexible Accelerator for Emerging Deep Neural Networks on Mobile Devices. arXiv: 1807.07928v2.

第6章 存内计算

本章参考文献[1][2][3][4]提出了存内计算（存算一体）的神经网络架构，这种以逻辑电路和内存电路的堆叠工艺实现的架构可以高效地解决深度学习存储的性能瓶颈。具体以 Neurocube 加速器、Tetris 加速器和 NeuroStream 加速器这三种内存中计算架构处理器的工作机理，介绍存内处理（PIM）架构加速器。

6.1　Neurocube 加速器

佐治亚理工学院提出了 Neurocube 加速器[5]的概念，这种加速器集成了并行神经处理器与高密度三维（3D）存储封装混合内存立方体（HMC），以解决存储瓶颈问题。Neurocube 加速器支持数据驱动的可编程内存，并通过 MCNC（以内存为中心的神经计算）利用算法内存访问模式实现计算。与传统的指令驱动的计算流程相比，直接从堆叠存储器取得数据加载到 PE 中计算的方法具有明显的优势，显著降低了延迟并加快了处理速度。此外，可编程神经序列发生器（PNG）①适配各种神经网络模型的运行。

6.1.1　混合内存立方体（HMC）

如图 6.1 所示，多个高带宽内存（HBM）晶粒堆叠后，通过中介层连接到高性能处理器。堆叠内存和处理器的功能彼此独立。这种结构的加速器，在逻辑电路晶粒上方堆叠多个存储晶粒（DRAM），存储晶粒通过硅通孔（TSV）工艺互连。

如图 6.2 所示，存储晶粒组在垂直方向分为 16 部分，各部分与 vault 控制器组合成

---

① PNG 是 Neurocube 加速器中的一个重要组件，它的主要功能是生成神经元之间的连接模式和信号传递序列，从而模拟神经元的工作方式。具体来说，PNG 可以根据用户的需求和输入，生成不同的神经元连接模式和信号传递序列，以模拟不同的神经元网络。用户可以通过编程来控制 PNG 的行为，从而实现对神经元网络的精细控制和调整。PNG 的设计和实现基于神经科学的原理和技术，它可以模拟大规模神经元网络的运行，从而帮助研究人员更好地理解神经元网络的结构和功能，同时也为神经科学研究提供了一种新的工具和方法。——译者注

vault[1]。每个 vault 配置一个处理元件（PE）。所有 vault 的工作彼此独立，以提高整体效率。

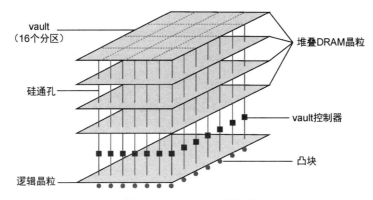

图 6.1　Neurocube 的架构

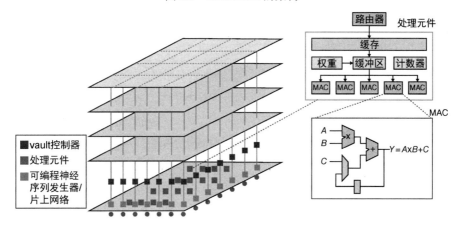

图 6.2　Neurocube 的组织

Neurocube 加速器由全局控制器、可编程神经序列发生器（PNG）、二维网状网络和 PE 组成。Neurocube 加速器首先将神经网络模型、连接权重和状态映射到内存堆栈中。主机初始化 PNG 中的指令序列，启动状态机，将数据从内存搬移到 PE 进行计算。内存堆栈和逻辑层之间的数据通路是固定的。

PE 由 8 个乘法-累加（MAC）单元、高速缓存、暂存缓存和存储神经元突触权重的内存模块组成。PE 中的数据采用修改的 16 位定点格式（其字段由 1 位符号位、7 位整数位和 8 位

① 在内存计算中，vault 是一种用于存储敏感数据的安全容器。vault 提供了一种安全的方式来存储和管理敏感信息，例如密码、API 密钥、证书等，以及对这些信息的访问控制。vault 通常被用于云原生应用程序中，以保护应用程序的敏感数据，避免被未经授权的访问者获取。

vault 的主要功能包括：（1）存储敏感数据。vault 提供了一个安全的容器来存储敏感数据，例如密码、API 密钥、证书等。（2）访问控制。vault 支持对存储在其中的数据进行精确的访问控制，以确保只有授权的用户才能访问这些数据。（3）加密和解密。vault 使用加密算法来保护存储在其中的数据，并提供了解密功能，以便授权的用户可以访问这些数据。（4）动态凭证管理。vault 支持动态生成和管理凭证，例如 API 密钥和证书，以便在需要时快速生成和撤销这些凭证。——译者注

小数位组成）执行计算。这种修改的定点格式不仅可以简化 PE 硬件结构，计算得到的累积误差也较小。例如对 8 个神经元构成的网络层，如果配置 3 个输入，可以在 3 个时钟周期内完成所有 8 个神经元的计算。在第一个周期，每个 MAC 计算第一个输入与权重的和，然后在第二个周期计算第二个输入与权重的和。在第三个周期更新所有 8 个神经元的计算结果。

如图 6.3 所示，所有 PE 通过 6 输入 6 输出的路由器形成二维网状网络的连接（4 个用于邻居路由器，2 个用于 PE 和内存）。每个通道有 16 个深度数据包缓存。数据包分发采用旋转菊花链优先级方案（rotating daisy chain priority scheme），并在每个时钟周期更新优先级。数据包通过指令标识（OP-ID）索引其在队列的位置，采用计数器指示数据包序列。乱序的数据包在 SRAM 中缓存，直到所有输入端空闲，才搬移到暂存缓存区进行计算。

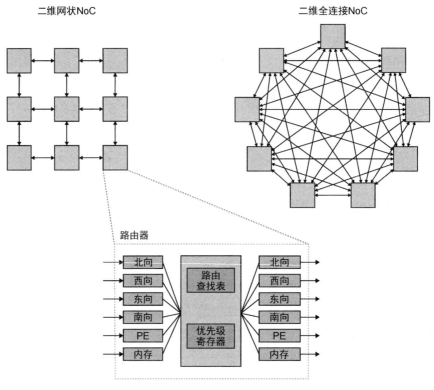

图 6.3　Neurocube 二维网状网络

6.1.2　以内存为中心的神经计算

如图 6.4 所示，Neurocube 加速器采用以内存为中心的神经计算（MCNC）架构实现数据驱动的计算。对于每一层神经元，可编程神经序列发生器（PNG）生成逐层连接神经元的地址及其神经元突触权重。PNG 将地址发送到 vault 控制器，vault 控制器将数据返回到 PNG。PNG 将数据、状态和输出信息封装到特定 MAC ID 的数据包中。根据 MAC

ID，数据包送到对应序号的神经元处理。在计算启动前，这些数据包通过片上网络
（NoC）路由器以源 ID（内存 vault ID）和目标 ID（PE ID）广播到 PE。

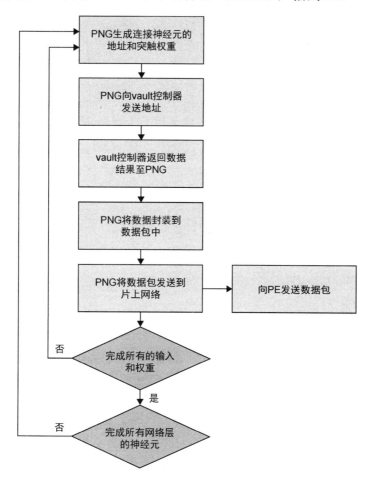

图 6.4　以内存为中心的神经计算流程图

6.1.3　可编程神经序列发生器

如图 6.5 所示，可编程神经序列发生器（PNG）由地址生成器、配置寄存器、非线性
激活函数查找表（LUT）和分组数据的打包/解包逻辑电路构成。通过全局控制器对各
PNG 编程，图层计算的初始化由主机通过指令完成。

PNG 地址生成器采用可编程有限状态机（FSM）机制，为神经元产生地址序列。
PNG 地址生成器由 3 个循环组成：

- 遍历层内所有神经元的循环；
- 遍历层内单个神经元所有连接的循环；
- 遍历各 MAC 层的循环。

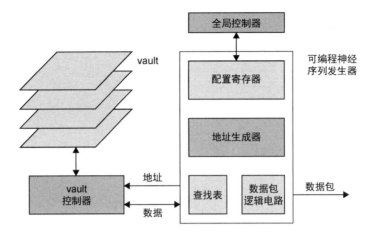

图 6.5　可编程神经序列发生器的架构

乘法–累加（MAC）单元每次处理一个神经元的计算，并重复这个过程，直到完成所有层神经元的计算。这个过程由 FSM 调度，FSM 控制三个计数器（神经元计数器、连接计数器和 MAC 计数器）实现调度，如图 6.6 所示。

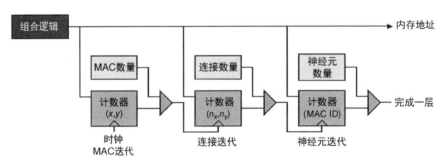

图 6.6　Neurocube 可编程神经序列发生器

为了计算每个连接的神经元和神经元突触权重地址，首先接收神经元计数器上的当前状态（cur_x, cur_y）和连接（n_y, n_x）。目标地址计算公式如下：

$$\text{targ}_x = \text{cur}_x + n_x \tag{6.1}$$

$$\text{targ}_y = \text{cur}_y + n_y \tag{6.2}$$

物理内存地址的计算公式如下：

$$\text{Addr} = \text{targ}_x \times W + \text{targ}_y + \text{Addr}_{\text{last}} \tag{6.3}$$

其中，

W 是输出图像带宽；

$\text{Addr}_{\text{last}}$ 是上一层的最后一个神经元地址。

对 PNG 进行编程时，主机向配置寄存器发送指令、初始化 FSM，并启动 MAC 计算、连接计算和网络层处理 3 个层面的循环操作。当神经元计数器达到网络层神经元总数时，PNG 生成该层的所有数据地址序列。然后 PNG 开始对下一个网络层重复这一编程过程，直到最后一个地址。

6.1.4　系统性能

表 6.1 对比了 GPU 和神经立方体加速器——Neurocube 加速器的系统性能，Neurocube 加速器比文献[6]介绍的英伟达 GPU Tegra K1 和 GTX 780 能效更高、功耗更低。这种架构适用于嵌入式物联网推理计算。

表 6.1　GPU 与 Neurocube 加速器性能比较

参　　数	GPU		Neurocube 加速器	
可编程性	是	是	是	是
硬件	Tegra K1	GTX 780	28 nm	15 nm
位精度	浮点	浮点	16 位	16 位
吞吐量/（GOPS/s）	76	1781	8	132.4
功耗/W	11	206.8	0.25	3.41
能效/(GOPS/s/W)	6.91	8.61	31.92	38.82
输入神经元的数量	76800		76800	

6.2　Tetris 加速器

斯坦福大学的 Tetris 加速器[7]采用麻省理工学院 Eyeriss 处理器的行固定（RS）数据流模式和三维堆叠内存封装工艺实现的混合内存立方体（HMC），在内存访问效率上，具有优化的性能。

6.2.1　内存层次结构

为了实现存内计算，Tetris 加速器将 HMC 堆叠分为 16 个 32 位宽的 vault。vault 通过高速硅通孔与逻辑晶粒（也称裸芯片）键合。每个堆叠的 vault 内存包含 2 个存储体。数据从内存阵列搬移到全局传感放大器，恢复信号幅度。数据通过硅通孔数据总线写入堆叠内存。为提高内存访问效率，Tetris 加速器用二维网状片上网络（NoC）取代交换阵列（crossbar switches）。NoC 路由器连接到 vault 内存控制器，用于本地 vault 内存访问和远程 vault 内存访问。每个 vault 区域包含神经网络（NN）引擎，引擎由 16 位定点算术逻辑单元（ALU）和 512 位到 1024 位寄存器文件的二维 PE 阵列组成。所有 PE 共享全局缓冲区，以便数据复用。多个神经网络引擎可以并行处理单层神经元。如图 6.7 和图 6.8 所示，Tetris 加速器采用三维堆叠内存技术，对比 Eyeriss 处理器，神经网络累加器配置缓存区面积较小的大规模 PE 阵列（高性能），其中缓存区与 PE 的数量之比仅为 Eyeriss 的一半。

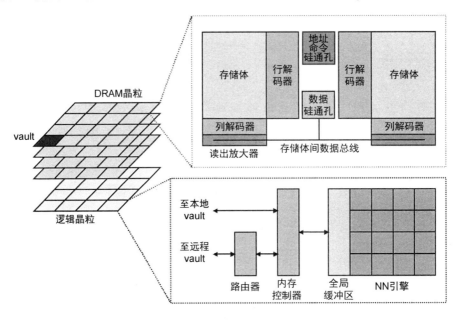

图 6.7 Tetris 加速器的架构

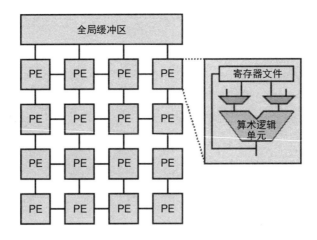

图 6.8 Tetris 神经网络引擎

6.2.2 存内累加

如图 6.9 所示，为解决内存瓶颈，提高整体性能，Tetris 加速器采用了存内累加技术，降低了输出特征图（ofmap）经由内存访问和经由硅通孔（TSV）数据搬移的一半操作频率。存内累加计算结合了连续存取内存的读写操作，提高了行缓存区的利用效率。

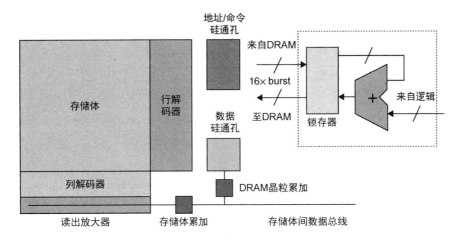

图 6.9 存内累加

Tetris 加速器支持 4 种神经网络存内累加技术：

- 内存控制器累加：累加器放置在逻辑晶粒内存控制器上，对堆叠 DRAM 改进没有影响。但是这种方法不能降低访问 DRAM 的高延迟，不具备实用性。
- DRAM 晶粒累加：累加电路封装在硅通孔（TSV）驱动电路周围。对于具有 8×burst 的 32 位 vault 存储通道，两个 16 位加法器采用 SIMD 机制工作，两个 128 位锁存器在 burst 期间缓存数据。地址发送到存储体。累加逻辑对经过数据总线的更新值执行加法。在写入模式下，结果写回存储体。累加逻辑电路位于 DRAM 阵列外部，不影响 DRAM 阵列布局。这种方法的延迟开销与直接访问 DRAM 相比很小。
- 存储体累加：累加器放置在 DRAM 存储体中。每个 vault 配置 2 个存储体可以并行更新数据，不会阻塞 TSV 总线。累加器放置在 DRAM 外围，不影响 DRAM 阵列布局。尽管重复累加器面积是 DRAM 晶粒累加器面积的两倍，但仍然很小。
- 子阵列累加：累加器位于具有共享位线[①]的 DRAM 存储体内。此选项可以消除从 DRAM 存储体读数据的操作。缺点是修改 DRAM 阵列布局带来的大面积开销。

基于以上利弊，Tetris 加速器选择了采用 DRAM 晶粒累加和存储体累加。

6.2.3 数据调度

如图 6.10 所示，数据流调度器采用 MIT 行固定（RS）数据流将二维卷积映射到一维

---

① 在计算机工程中，位线是指连接芯片上的存储单元的导线。每个存储单元都与多个位线相连，用于传输和读取数据。因此，共享位线是指多个存储单元共用一条位线。在子阵列累加的情况下，多个存储单元共享一条位线来实现累加器的功能。——译者注

乘法，并充分利用本地资源进行计算。数据流调度器通过取整和重复^①将不同规模的卷积匹配给固定规模的 PE。为了最大化数据在全局缓冲区的复用，有三种旁路排序方式：输入特征图/权重（IW）旁路（避免在全局缓冲区存储 ifmap 和 fmap）、输出特征图/权重（OW）旁路（避免在全局缓冲区存储 ofmap 和 fmap），以及输入特征图/输出特征图（I/O）旁路（避免在全局缓冲区存储 ifmap 和 ofmap）。例如，OW 旁路将 ifmap 拆分为多个块，并填充全局缓冲区。由于 ifmap 和 ofmap 不共享滤波器，ofmap 直接加载到寄存器文件。在行固定（RS）数据流中，ifmap 与寄存器文件中的 fmap 进行局部卷积。类似地，I/O 旁路采用全局缓冲区存储 ifmap 和 ofmap。这是比循环阻塞和重新排序方案更简单的解决方案。旁路排序还受益于存内累加计算，更新后的 ofmap 直接推送到内存，提高整体性能。

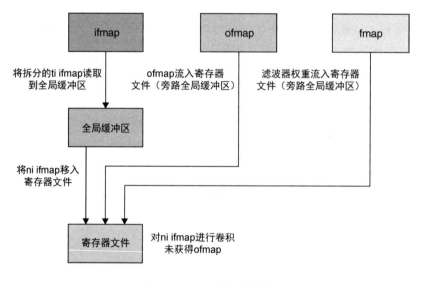

图 6.10　全局缓冲区旁路

6.2.4　神经网络的 vault 分区

图 6.11 给出了跨 vault 配置大型神经网络层计算的几种分区方案：

- 批处理分区：采用多加速器并行处理多个特征图，及实现数据与处理器的两方面并行，可以提高总体吞吐量，但代价是容量和延迟的问题。
- 特征图分区：对大尺寸的特征图进行分割处理。PE 可以直接采用本地存储的 ifmap/ofmap 进行计算，但需要在所有 vault 复制 fmap。

---

① "重复"一词的含义是指将不同规格的卷积计算映射到固定计算长度的 PE 单元。这里的重复并不是指数据复用，而是指计算的重复利用。具体地说，将多个卷积计算拆分为多个固定计算长度的子计算，然后分配到 PE 单元上进行计算，以充分利用本地资源进行计算。这种方式可以提高计算效率，但也会带来额外的计算开销。——译者注

- 输出分区：在 vault 区域间分配 ofmap。由于每个 ofmap 采用不同的 fmap，对于并行运算，可以将 fmap 完全分离，这种情况下，ifmap 可以发送到所有 vault 区域，以便远程访问。
- 输入分区：与输出分区类似，输入分区在 vault 区域间分配 ifmap。由于这种方案中 ofmap 的读/写传输量很大，在实现上输出分区优于输入分区。

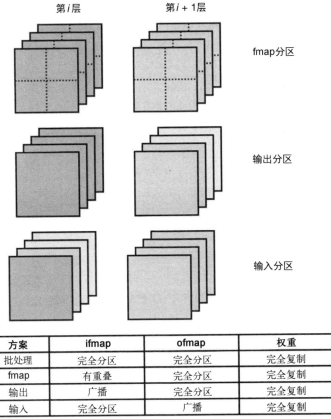

方案	ifmap	ofmap	权重
批处理	完全分区	完全分区	完全复制
fmap	有重叠	完全分区	完全复制
输出	广播	完全分区	完全复制
输入	完全分区	广播	完全复制

图 6.11　神经网络分区方案比较

混合分割方案是 Tetris 加速器所独有的设计。适用于滤波器权重复用效果不明显的场景，这种方案在神经网络的前几个卷积层采用特征图分区处理大型特征图；在完全连接层的计算中，采用输出分区处理大滤波器权重。

6.2.5　系统性能

图 6.12 给出了几种加速器在性能方面的量化对比结果，进行对比的三种方案包括：带有 1 个和 16 个 vault 区域的 Tetris 加速器（图中 T1 和 T16）；采用 1 个和 4 个 LPDDR3 内存通道的系统（图中 L1 和 L4）；带有 16 个 vault 区域的 Neurocube 加速器（图中 N16）。与 LPDDR3 的 L1 存储方案相比，Tetris 加速器的性能提高了 37%，能耗降低了

35%～40%。Tetris 加速器的缩放设计版本（T16）[①]，性能进一步提高了 12.9 倍，能耗提高了 9.2%。Tetris 加速器（T16）与 LPDDR3 的 L4 存储方案相比其性能提升了 4.1 倍，能耗降低了 68%。

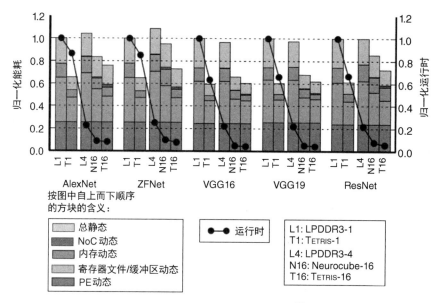

图 6.12　Tetris 性能和功率比较[7]

6.3　NeuroStream 加速器

6.3.1　系统架构

波罗尼亚大学 NeuroStream（神经流）加速器[8]采用存内处理（PIM）架构。如图 6.13 所示，此架构由 4 个智能内存立方体（SMC）组成，是标准混合内存立方体（HMC）的模块化扩展。所有 SMC 都通过网状网络连接。每个 SMC 都有一个神经簇，在其基础逻辑电路（LoB）晶粒上有 16 个簇。每个簇支持 4 个 RSIC-V PE 和 8 个 NeuroStream（NST）协处理器。每个 PE 都配备了内存管理单元（MMU）和转译后备缓冲区（TLB），用于在主机和神经簇之间转换地址。每个簇都支持直接内存访问（DMA）引擎，用于在 DRAM vault 模块和内部暂存器内存（SPM）之间进行数据传输。4 个堆叠的 DRAM 晶粒和 32 个存储容量为 32 MB 的 vault 模块共有 1 GB 的 DRAM。NeuroStream 加速器的主要参数如下：

- 神经簇频率：1 GHz
- 每簇神经流协处理器：8

---

① 在这里，缩放设计指的是将原始设计按比例放大，增加了更多的资源和处理单元，以提高性能和吞吐量。Tetris 加速器的 T16 版本通过增加更多的 vault 区域，可以处理更多的数据，从而进一步提高性能。——译者注

- 每个簇的 RISC-V 核数：4
- 每个处理核的指令缓存规格：1 KB
- 每个簇的暂存器规格：128 KB
- 暂存器交织方式：字级交织
- 暂存器个数：2
- 每个 SMC 的簇数：16

每个 RSIC-V 处理器都配置了 4 个顺序执行的处理流水线，以及 1 KB 的专用指令缓存。内部暂存器内存（SPM）在多存储体内采用字级交织（WLI）格式存储，采用簇互连实现低延迟连接。

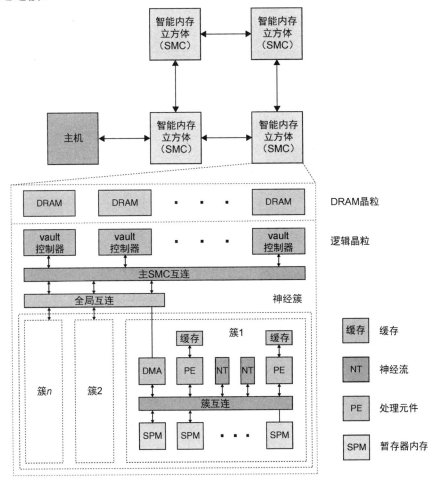

图 6.13 神经流和神经簇架构

6.3.2 NeuroStream 协处理器

NeuroStream（神经流）协处理器由主控制器、3 个硬件环路（HWL）、2 个地址生成单元（AGU）和 32 位浮点格式数据通路组成。控制器通过簇互连从处理器接收指令，并在单个时钟周期向乘法–累加（MAC）单元配置最多 2 个指令。控制器采用先入先出（FIFO）单元保持浮点计算单元（FPU）的连续工作，通过计算调度，消除整体上的处理延迟。控制器采用内存映射控制接口与其他处理器进行通信。为处理卷积计算的嵌套循环，HWL 均采用可编程有限状态机（FSM）的设计。对 AGU 编程可以生成复杂的内部暂存器内存（SPM）访问模式。如图 6.14 所示，NeuroStream 协处理器支持卷积、最大池化、激活操作和基础反向传播函数。除此之外，NeuroStream 协处理器还负责基础运算、点积、矩阵乘法、线性变换和权重求和/平均的执行。

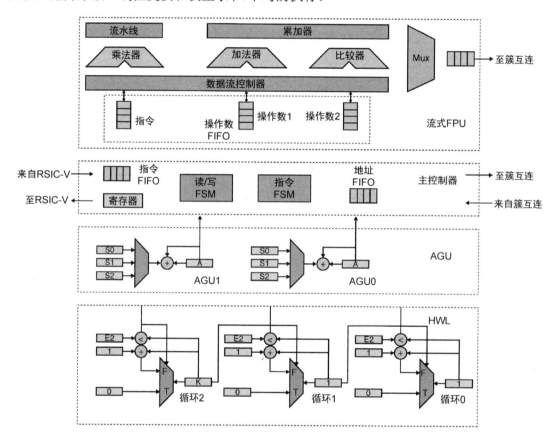

图 6.14 NeuroStream 协处理器架构

6.3.3 四维分块的机制

如图 6.15 所示，四维分块是卷积层（l）的输入多维数组（输入分块）和输出多维数组（输出分块）的子集，具有($T_{xi}^{(l)}$、$T_{yi}^{(l)}$、$T_{ci}^{(l)}$、$T_{co}^{(l)}$)元组，其中 $T_{xi}^{(l)}$ 和 $T_{yi}^{(l)}$ 是输入分块的宽度和高度，$T_{ci}^{(l)}$ 和 $T_{co}^{(l)}$ 是分块的输入和输出通道的数量。每个分块的输出规模由输入宽度/高度、滤波器尺寸、跨距和填零等参数决定。四维分块应用行主数据布局方法，将二维输入矩阵数据转换为一维矢量数组。四维分块支持单个数据请求，通过直接内存访问（DMA）通路将整个分块搬移到处理簇。

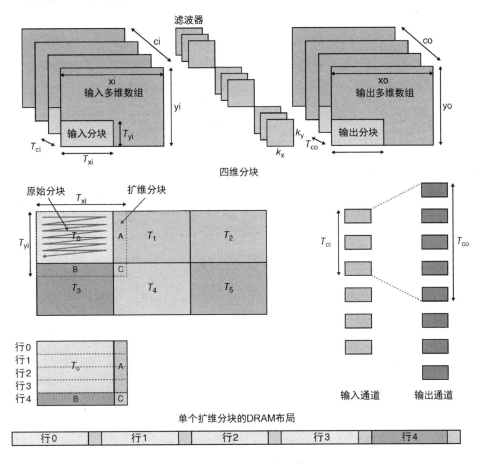

图 6.15　神经流四维分块

四维分块还采用了数据重叠的滑动窗口技术，计算过程中的存储采用行作为索引的主数据格式，主数据格式包括原始（raw）分块和扩维分块（重叠部分数据），这避免了高速内存数据碎片问题。四维分块采用单次数据请求从 DRAM 获取完整分块数据，包括 raw 分块和扩维分块，在写回 DRAM 时将部分 raw 分块转换为下一层的扩维分块。

四维分块机制在计算输出分块时，采用 psum 复用技术。读取完所有输入分块后，进行激活和池化处理，然后 psum 结果 Q（输出分块的组成部分）一次性写回 DRAM：

$$Q = Q + X \times K_Q \tag{6.4}$$

其中，

Q 是 psum；

X 是输入分块，$X=M, N, P, \cdots$；

K 是滤波器的权重。

在准备下一层神经网络层（第 *l*+1 层）的输入分块时，采取了扩维机制，将 4 个分块区域（raw、A、B、C），$T_0^{(l+1)}$ 的初始矩阵写回 DRAM，然后计算 $T_1^{(l)}$、$T_3^{(l)}$、$T_4^{(l)}$ 之后，将 $T_0^{(l+1)}$ 的 A、B 和 C 区域写回 DRAM。

由于扩维分块间不存在数据重叠，每个簇一次可以执行一个分块，减少了数据传输。所有分块信息都存储在列表中。PE 根据列表顺序处理每个分块。每个簇都采用乒乓策略，最大限度地减少设置时间和延迟影响。在簇内计算分块时，会从内存中不断提取下一个分块。重复这种过程，直到完成层中所有分块的计算。在开始下一层处理前，会同步所有簇的状态。

在簇内部，每个主 PE 按照 $T_{xo}^{(l)}$、$T_{yo}^{(l)}$ 和 $T_{co}^{(l)}$ 维度的顺序对分块进行分区，以避免不必要的计算中数据同步。用 $T_{ci}^{(l)}$ 标识任意尺寸的分块和角落分块的附加分区。四维分块在簇内执行空间和时间计算分配。

6.3.4　系统性能

图 6.16 所示的屋顶线图给出了 NeuroStream 处理器的性能。左轴表示性能，右轴表示内存带宽。横轴表示计算强度。该图说明了分块大小对神经网络模型性能的影响。由于分块初始化建立过程的代价，对 1×1 形式的残差神经网络（ResNet）的性能没有提升效果。

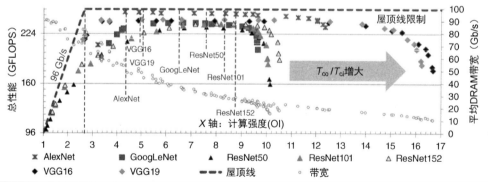

分块信息	AlexNet	GoogLeNet	ResNet50	ResNet101	ResNet152	VGG16	VGG19
输入 T_{xi}, T_{yi}	64 × 64	64 × 64	96 × 96	96 × 96	96 × 96	50 × 50	50 × 50
平均 K_x, K_y	4.8 × 4.8	3.1 × 3.1	2.3 × 2.3	2.1 × 2.1	2.0 × 2.0	2.9 × 2.9	2.9 × 2.9
平均 T_{xi}, T_{yi}	14.9 × 14.9	14.3 × 14.3	14.1 × 14.1	10.1 × 10.1	9.3 × 9.3	18.4 × 18.4	16.7 × 16.7
平均 T_{ci}	137.5	103.1	74.9	91.8	92.8	74.6	80.7
平均 T_{co}	4.2	18.2	39.9	49.8	50.3	7.1	7.6
OI（测量）	4.3	6.6	7.5	8.1	8.6	4.8	5.0

图 6.16　NeuroStream 处理器性能屋顶线图和表[8]

思　考　题

1．什么是混合内存立方体技术？
2．深度学习应用程序的混合内存立方体的限制是什么？
3．如何改进 Neurocube 加速器二维网状网络设计？
4．如何增强 Tetris 加速器的存内累加以实现数据复用？
5．如何改进 Tetris 加速器并行分区方案以实现并行处理？
6．混合内存立方体（HMC）和智能内存立方体（SMC）之间的主要区别是什么？
7．能否修改 NeuroStream 四维分块机制以支持网络稀疏性？

原著参考文献

[1] Singh, G., Chelini, L., Corda, S., et al. (2019). Near-Memory Computating: Past, Present and Future. arXiv:1908.02640v1.

[2] Azarkhish, E., Rossi, D., Loi, I., and Benini, L. (2016). Design and evaluation of a processing-in-memory architecture for the smart memory cube. In: *Architecture of Computing Systems – ARCS 2016*, 19–31. Springer.

[3] Azarkhish, E., Pfister, C., Rossi, D. et al. (2017). Logic-B ase interconnect design for near memory computing in the smart memory cube. *IEEE Transactions on Very Large Scale Integration (VLSI) Systems* 25 (1): 210–223.

[4] Jeddeloh, J. and Keeth, B. (2012). Hybrid memory cube new dram architecture increases density and performance. *2012 Symposium on VLSI Technology (VLSIT),* 87–88.

[5] Kim, D., Kung, J., Chai, S., et al. (2016). Neurocube: a programmable digital neuromorphic architecture with high- density 3D memory. *2016 ACM/ IEEE 43rd Annual International Symposium on Computer Architecture (ISCA),* 380–392.

[6] Cavigelli, L., Magno, M., and Benini, L. (2015). Accelerating real-time embedded scene labeling with convolutional networks. *2015 52nd ACM/EDAC/IEEE Design Automation Conference (DAC),* 1–6.

[7] Gao, M., Yang, X., Horowitz, M., and Kozyrakis, C. (2017). Tetris: scalable and efficient neural network acceleration with 3D memory. *Proceedings of the Twenty- second International Conference on Architectural Support for Programming Languages and Operating Systems,* 751–764.

[8] Azarkhish, E., Rossi, D., Loi, I., and Benini, L. (2018). Neurostream: scalable and energy efficient deep learning with smart memory cubes. *IEEE Transactions on Parallel and Distributed Systems* 29(2): 420–434.

第 7 章 近内存体系架构

7.1 DaDianNao 超级计算机

中国科学院计算技术研究所（ICT）提出了 DaDianNao 超级计算机[1]（第二代）架构，应用大规模 eDRAM 解决 DianNao 加速器[2]（第一代）的内存瓶颈问题。神经元突触所需的缓存资源由神经功能单元（NFU）的大容量存储空间提供，避免数据在外部存储器之间反复搬移。如图 7.1 所示，DaDianNao 采用分块处理架构，NFU 由 16 个分块单元组成，每个 NFU 的 4 角配置 eDRAM 存储体。NFU 对 4 个 eDRAM 存储体的访问按时间交织方式进行，补偿 eDRAM 的高延迟、非次序读取和定期刷新。为加速计算，NFU 可以并行处理 16 个输出神经元的 16 个输入神经元（共 256 个神经元）。

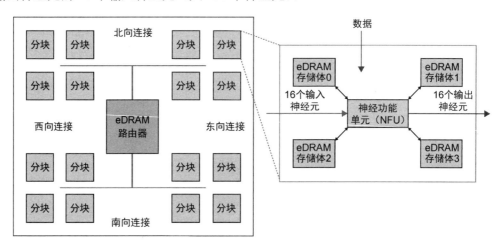

图 7.1 DaDianNao 系统架构

7.1.1 内存配置

所有分块处理器通过胖树拓扑结构连接[3]①。分块处理器从中央 eDRAM 读取输

① 胖树是一种分布式的、具有层次的网络拓扑结构，其中每个节点都有至少两个连接到另一个节点的链路。——译者注

入神经元的数据进行初始化计算，处理后将输出神经元结果写回中央 eDRAM。所有计算中间结果保留在本地 eDRAM，无须在 NFU 和中央 eDRAM 间搬移。中央 eDRAM 又分为两个存储体，分别用于存储输入神经元数据和输出神经元数据。NFU 间的高速数据搬移采用四个方向（东、南、西和北）的超级传输（HT）总线协议。DaDianNao 超级计算机的超级传输总线采用二维网状网络形式连接东、南、西和北链路。每个 HT 总线支持 16 对双向 1.6 GHz 差分链路，各方向均可对内存实现 6.4 Gb/s 的访问带宽。

虫洞路由单元[①]在 NFU 中支持高速数据传输总线的有 5 个输入/输出端口（4 个方向和注入/弹出端口）。路由单元包含 4 级流水线操作：路由计算（RC）、虚拟信道分配（VCA）、交换机分配（SA）和交换机遍历（ST）。

7.1.2　神经功能单元

如图 7.2 所示，NFU 由多个计算模块组成：乘法模块、加法模块、最大值模块[②]和转换模块。

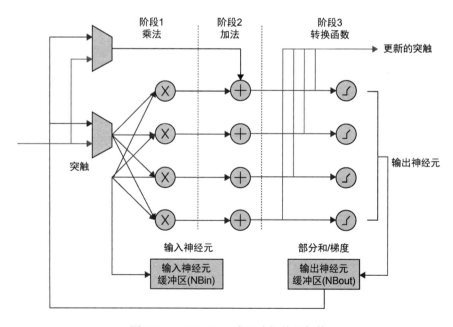

图 7.2　DaDianNao 神经功能单元架构

---

① 虫洞路由单元是一种分布式路由器，它可以支持多节点的高速网络连接，实现在多个节点间的高速数据传输，从而提高网络性能，使得分布式应用程序的性能得到大幅度提升。——译者注

② 图 7.2 中没有包含最大值模块，这可能是因为这部分功能的实现并非由硬件完成的，根据加载模型的情况，在软件层面进行底层配置和算法处理然后通过寄存器返回硬件，参与后续计算。——译者注

- 乘法模块由 256 个并行乘法器组成；
- 加法模块可配置为 256 个输入、16 个输出加法器树或 256 个并行加法器；
- 最大值模块对 16 个并行输出计算最大值；
- 转换模块由两个独立的子模块组成，执行 16 段线性插值。

如图 7.3 所示，NFU 可以按不同的运算类型配置流水线：包括卷积计算（FP 和 BP）[①]、分类处理（FP 和 BP）、池化计算（FP 和 BP）和局部响应归一化（LRN）。

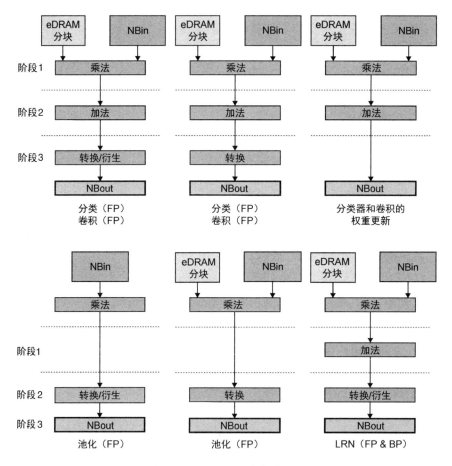

图 7.3　DaDianNao 流水线配置

每个计算模块支持 16 位的基本运算，多个计算模块可以组合支持 32 位运算。例如，2 个 16 位加法模块可组成 32 位加法器，4 个 16 位乘法模块组成 32 位乘法器。16 位运算可以满足推理计算的精度要求，但是在训练计算时会出现精度下降。因此多采用 32 位定点运算进行训练计算，误差率小于 1%。

---

① FP 为正向传播，BP 为反向传播。

DaDianNao 超级计算机的编程是面向神经功能单元（NFU）节点的简单指令序列，由 3 种操作符控制分块单元的工作：起始地址（读/写）、步幅（跨步）和迭代次数。NFU 的工作有两种模式：一次处理一行的行处理；并行处理多行的批学习。这种方式有利于复用神经元突触，但是计算收敛速度较慢。

如图 7.4 所示，DaDianNao 超级计算机的工作采用多节点映射方式。首先通过胖树网络将输入神经元数据分配到所有计算节点。除读入的边缘输入神经元数据外，本地节点执行的卷积计算和池化处理并不需要节点间通信的配合。局部响应归一化计算在节点内部完成，无需任何外部通信。最后，各个节点进行高速数据通信，将得到的全部计算结果按组分类。每一层神经网络计算结束后，输出神经元数据回写中央 eDRAM，准备下一级网络层计算所需的输入神经元数据。所有运算都采用单向计算方式进行，每个节点在本地完成输入神经元数据的计算，并发回计算结果，直接进入下一层计算，并不需要进行全局同步。

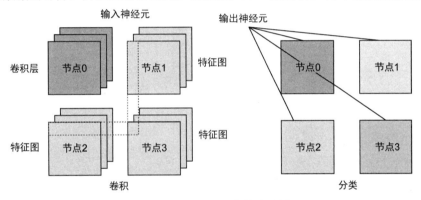

图 7.4　DaDianNao 多节点映射

7.1.3　系统性能

本节对比 DaDianNao 超级计算机与 NVIDIA K20M GPU 的性能，这个对比测试采用相同的神经网络模型，对从神经网络计算的各功能层测试得到的性能指标进行逐一对比。图 7.5、图 7.6、图 7.7 和图 7.8 分别给出了 DaDianNao 时序性能（训练）、DaDianNao 时序性能（推理）、DaDianNao 功率降低（训练）、DaDianNao 功率降低（推理）。由于 DaDianNao 超级计算机处理这个神经网络模型得到的性能指标与其对应的内存配置有关，这里只分析 DaDianNao 在 1 芯片、4 芯片、16 芯片和 64 芯片配置时测算出来的性能结果。这 4 张性能对比图只能看到大致的性能结果，从数据可以看出 DaDianNao 超级计算机的节点（芯片）能支持的运算量较大。在数值上，相对 NVIDIA 的 GPU 系统，在同一神经网络模型下，DaDianNao 的性能分别提高了 21.38 倍（1 芯片）、79.81 倍（4 芯片）、216.72 倍（16 芯片）和 450.65 倍（64 芯片）。相对 NVIDIA GPU 系统，DaDianNao 的能效提升约为 330.56 倍（1 芯片）、323.74 倍（4 芯片）、276.04 倍（16 芯片）和 150.31 倍（64 芯片）。

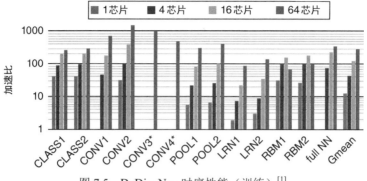

图 7.5　DaDianNao 时序性能（训练）[1]

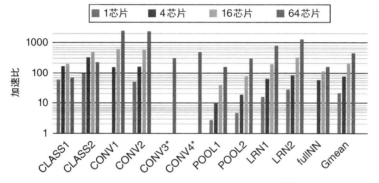

图 7.6　DaDianNao 时序性能（推理）[1]

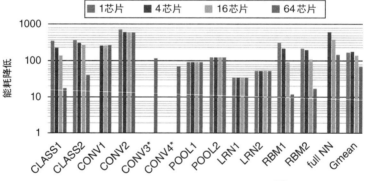

图 7.7　DaDianNao 功率降低（训练）[1]

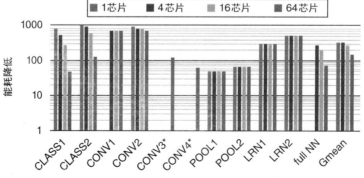

图 7.8　DaDianNao 功率降低（推理）[1]

7.2　Cnvlutin 加速器[①]

文献[4]介绍了多伦多大学基于 DaDianNao 架构提出的 Cnvlutin 神经网络加速器。Cnvlutin 采用大规模并行乘法处理链实现计算的加速。多个 DaDianNao 加速器也可通过高速接口组合加载大型神经处理网络。然而，DaDianNao 加速器不能消除无效的零运算。零运算会降低整体性能，功耗更高。

在卷积运算中，从输入神经元中提取特征。负值表示不存在特征，由 ReLU 层校正神经元输出，从而产生网络稀疏性，校正产生的数据占到数据总量的 40%。

Cnvlutin 加速器采用新存储结构解决 DaDianNao 加速器存在的网络稀疏性问题。Cnvlutin 加速器将 DaDianNao 的并行乘法处理链路解耦为独立的处理器，乘法处理的数据是经过新编码的非零数据。新编码方式支持乘法处理链路跳过无效的零运算，并实现并行处理。这种方法显著提高了整体性能，降低了功耗。

7.2.1　基本卷积运算

如图 7.9 所示，DaDianNao 加速器的基本运算从计算数据的加载开始，从输入神经元缓冲区（NBin）将输入神经元加载到神经元通道，并从神经元突触缓冲区（SB）通道将滤波器权重加载到神经元突触子通道。在每个周期，每个神经元通道向对应的神经元突触子通路传播其神经元数据，进行点积乘法。点积结果与输出神经元缓冲区（NBout）中的 psum 在加法器累加。这种方法将所有输入神经元通道与神经元突触子通道耦合，在 3 个时钟周期内完成并行乘法。但是，这种方法不能消除其中 4 个无效的零运算。

如图 7.10 所示，为了消除零运算，Cnvlutin 加速器进行了改进。将 DaDianNao 架构调整为前端和后端单元。前端单元由神经元通道、神经元突触子通道和乘法器组成；后端单元由加法器树和 NBout 组成。前端单元进一步分为两个滤波器组。每组包含一个神经元通道和一个滤波器神经元突触子通道。在每个处理时钟周期，每个滤波器组执行两个点积乘法，结果送入加法器，产生输出神经元通道的 psum。

神经元通道彼此解耦，必然产生无效的零元素。采用无零神经元阵列格式（ZFNAf）对处理数据编码跳过无效的零。非零神经元数据的存储格式为(value,offset)，value 为其本值，offset 为其偏移量。如原始神经元数据流(1,0,3)，(0,2,4)的 ZFNAf 编码分别为((1,0)，(3,2))，((2,1)，(4,2))。在时钟周期 0，神经元的本值"1"及偏移量"0"加载到神经元通道，之后与相应的神经元突触子通道的"1"和"−1"相乘。结果送入加法器，产生累加 psum 参数。对于(0,2,4)编码后的((2,1)，(4,2))采取类似的处理流程。DaDianNao 加速器解耦神经元通道，并且应用 ZFNAf 进行数据编码，在 2 个时钟周期内完成卷积计算，显著提高了处理效率，并降低了功耗。

---

① Cnvlutin 是从"Convolution"单词中删除"O"得到的。

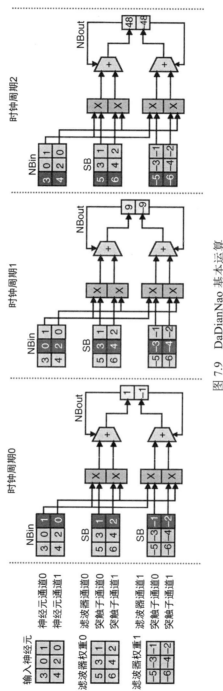

图 7.9 DaDianNao 基本运算

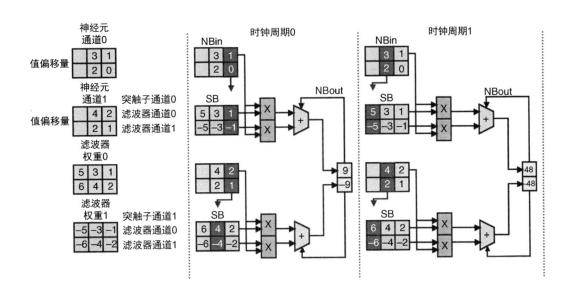

图 7.10　Cnvlutin 基本运算

7.2.2　系统架构

如图 7.11 所示，DaDianNao 加速器由 16 个神经功能单元（NFU）组成，每个 NFU 包含 16 个神经元通道和 16 个滤波器通道，每个滤波器配置有 16 个神经元突触子通道（共 256 个），16 个输出神经元共输出 16 个 psum。每个 NFU 有 256 个点积乘法器，16 个加法器用于 psum 加法，以及 1 个附加加法器用于输出神经元计算。每个单元的神经元通道和滤波器的数量在计算过程中可以动态变化。

相比较而言，Cnvlutin 加速器优化了这个处理流程，如图 7.12 所示，Cnvlutin 加速器将神经元通道和神经元突触子通道分为 16 个独立组。每组包含 1 个神经元通道和对应的 16 条滤波器神经元突触子通道。每个周期内各神经元突触子通道都从输入神经元缓冲区（NBin）读取 1 个神经元对（神经元本值，偏移量），按照偏移量，将神经元本值与对应神经元突触条目[①]相乘。使用 16 个加法器累加得到 psum。通过这种调度方式，NFU 维持计算状态，这显著提升了整体性能，降低了功耗。

---

① 神经元突触条目（Synapse Entry）是 Cnvlution 加速器中用于数据处理和计算的核心部分。它可以将一组数据（例如图像）处理为所有可能的变量，包括但不限于像素、颜色、对比度和色度，以及用于机器学习和深度学习的特征。Synapse Entry 还包括用于计算各种问题的可调节突触网络，使用此网络和深度神经网络可以根据预定义的条件执行相应的计算任务，以及结合深度学习解决各种问题。Synapse Entry 还可以进行并行计算，实现复杂、高增益的计算性能，确保加速器能够快速而准确地处理大量数据。——译者注

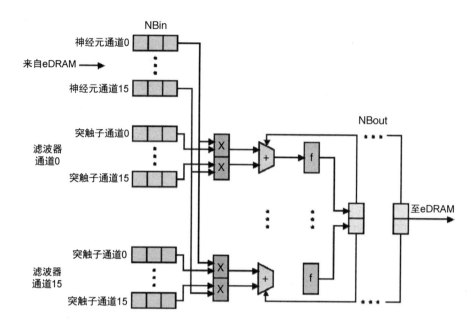

图 7.11　DaDianNao 加速器架构

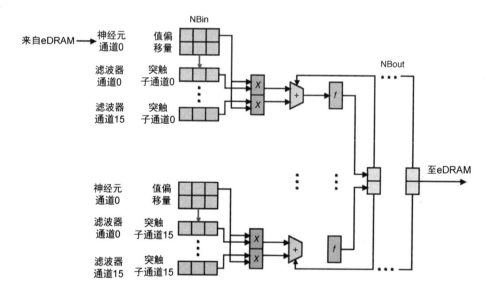

图 7.12　Cnvlutin 加速器架构

7.2.3　处理顺序

对比图 7.13 所示的 DaDianNao 加速器的交织数据导入方法，为提高流水线效率，Cnvlutin 加速器采用如图 7.14 所示的编码块形式导入计算数据。在交织形式的导入方法[①]中，由 16 个输入神经元组成的数据组加载到 16 个标号为 NL_0 到 NL_{15} 的神经元通道，其索引为 $n(0,0,0)$ 到 $n(0,0,15)$，索引中的参数 (x,y,z) 表示神经内存（NM）阵列的地址。256 个滤波器权重按照 16 个滤波器通道的 16 个神经元突触子通道进行分配。如 SL_0^0 至 SL_{15}^0 指滤波器 0 中的 16 条神经元突触子通道，其滤波器权重来自 NM 阵列中的 $s^0(0,0,0)$ 至 $s^0(0,0,15)$ 存储位置。然后，NL_0 至 NL_{15} 神经元通道上的输入神经元与从滤波器 0 中的 SL_0^0 至 SL_{15}^0 到滤波器 15 中的 SL_0^{15} 至 SL_{15}^{15} 的对应神经元突触相乘，这样实现乘法的密集并行执行，但不能避免无效的零运算。

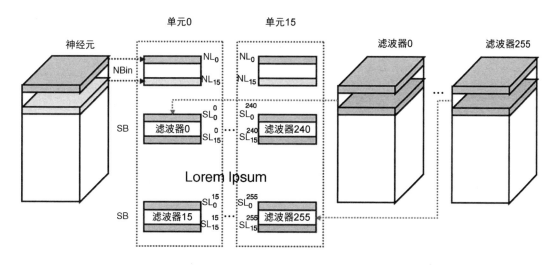

图 7.13　DaDianNao 加速器处理顺序

Cnvlutin 加速器将待处理编码块分配给 16 个神经元，每个神经元 1 个切片。与 DaDianNao 加速器的处理顺序类似，滤波器权重划分为神经元突触子通道。16 个神经元通道的每一个单元在每个时钟周期都分配一个切片。设 $n'(x,y,z)$ 代表存储在 NM 阵列 (x,y,z) 位置的输入神经元数据（神经元本值，偏移量），输入神经元位置 $n'(0,0,0)$ 到 $n'(0,0,15)$ 首先被提取到神经元通道 NL_0 到 NL_{15}。它与单元 0 中的相应神经元突触子通道数据 SL_0^0 至 SL_{15}^0 到单元 15 的 SL_{15}^{240} 至 SL_{15}^{255} 进行乘法运算。如果编码块 0 中只有一个非零数据，那么提取到单元 0 中的下一个非零数据是 $n'(1,0,0)$ 而不是 $n'(0,0,1)$。这样保证了所有处理器的持续工作。

由于输入神经元分派顺序的变化，参与计算的神经元突触子通道中的神经元突触顺序也发生了调整。例如，单元 0 的 NL_0 对应的 $s^0(0,0,0)$ 到 $s^{15}(0,0,0)$ 存储在第一片 SL_0^0 到 SL_0^{15} 中；单元 15 的 NL_{15} 对应的 $s^{240}(0,0,15)$ 到 $s^{255}(0,0,15)$ 存储在最后一片 SL_{15}^{240} 到 SL_{15}^{255} 中。

---

① 交织形式和编码块形式这两种导入方法都设计用于明确处理顺序。——译者注

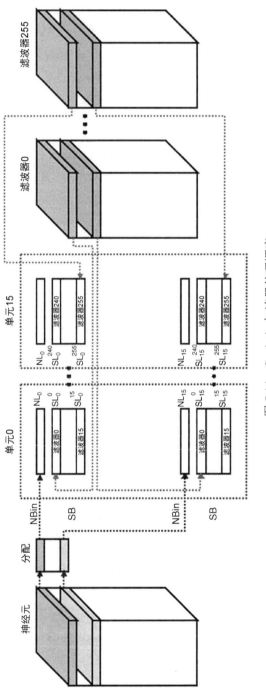

图 7.14　Cnvlutin 加速器处理顺序

7.2.4　无零神经元阵列格式（ZFNAf）

如图 7.15 所示，与压缩稀疏行（CSR）编码的作用类似，无零神经元阵列格式（ZFNAf）支持跳过对零元素的计算。这种编码存储实际上存储的是非零神经元本值和偏移量(value, offset)，这实际上并不节省内存，但是编码数据的存储位置与实际处理的存储地址存在对应关系，即数据按照对应神经内存（NM）阵列中神经元配置(x,y)的位置存储，这就实现了非零神经元的编码块（brick）组合。编码块中首个神经元数据位置是神经元阵列的索引。这种方法减少了系统处理开销，保持偏移量较小。

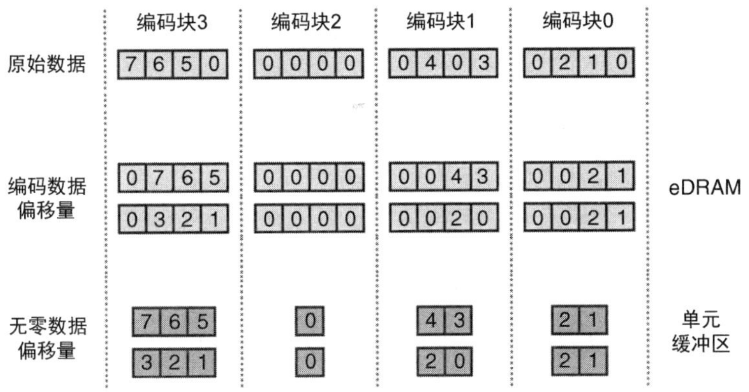

图 7.15　Cnvlutin 无零神经元阵列格式

神经元数据进行编码时，首先从输出神经元缓冲区（NBout）读出 16 个神经元条目[①]到输入缓冲区（IB），并调整偏移计数器内容。根据偏移量计数（OC）将非零数据读入到输出缓冲区（OB）。所有 16 个神经元条目处理完成后，编码结果存储在神经内存（NM）中。

7.2.5　调度器

如图 7.16 所示，调度器使 Cnvlutin 加速器神经元通道保持繁忙。调度器将 NM 分为 16 个独立的存储体，对每个存储体分配对应的输入神经元切片数据。调度器采用 16 个神经元宽总线实现编码块缓冲区（BB）到 NM 存储体的连接。调度器每次从各存储体中读取一个编码块，并将非零神经元广播到相应的神经元通道进行处理。调度器持续获取编码块，避免 NM 停滞，提高总体吞吐量。

---

① 神经元条目存储不含零元素的神经元阵列的格式，它可以作为存储器来为神经网络服务。——译者注

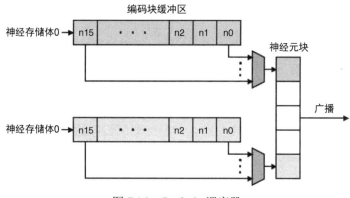

图 7.16 Cnvlutin 调度器

7.2.6 动态修剪

Cnvlutin 加速器支持动态神经元修剪。当神经元低于层阈值时，将神经元参数设置为零。跳过效率低下的神经元和神经元突触的运算。通过梯度下降法①打开或关闭神经元的阈值计算。

7.2.7 系统性能

相比 DaDianNao 超级计算机，Cnvlutin 加速器的性能提高了 37%。Cnvlutin 通过网络修剪，其性能得到进一步提升，如图 7.17 所示。Cnvlutin 加速器的总能耗比 DaDianNao 超级计算机低 7%。Cnvlutin 加速器通过网络修剪，总能耗得到了降低，如图 7.18 所示。

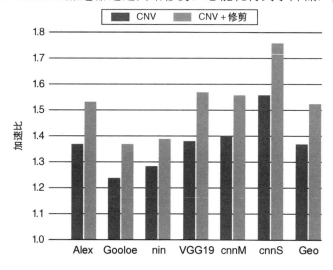

图 7.17 Cnvlutin 加速器网络修剪前后的性能[4]

---

① 梯度下降法是一种优化算法，它的目的是最小化损失函数，以便模型更准确地预测数据。它通过不断地调整模型参数来达到最小化损失函数的目标。具体来说，梯度下降法从一个初始参数开始，通过计算当前参数下的梯度来确定下一步的参数，从而使得损失函数最小化。——译者注

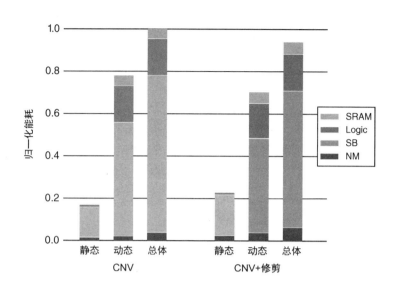

图 7.18　Cnvlutin 加速器网络修剪前后的能耗比较[4]

7.2.8　原生或编码（RoE）格式

Cnvlutin[2] 加速器[5]①提供原生或编码（RoE）两种格式，解决无效元素没有完全编码的问题。RoE 格式的首位是编码标志，指示包含首位的后 65 位编码块是否采用 4 组 16 位定点编码。编码格式为<编码标志,<偏移量,神经元本值> <偏移量,神经元本值> <偏移量,神经元本值> <偏移量,神经元本值> >。对于不能进行 65 位 RoE 格式的数据，例如(2,1,3,4)，以原始格式存储<0,2,1,3,4>，其中 0 表示数据类型为原生格式数据，后跟 4 组 16 位数字。值(1,2,0,4)的 RoE 格式为<1<0,1><1,2><3,4>>，总编码字长 1+(16+4)×3=61 位。这种编码方法显著降低了内存开销。

7.2.9　矢量无效激活标识符（VIAI）格式

VIAI 采用位矢量 I 对非零数据的偏移量进行编码。如果编码块的偏移量为(1,2,0,4)，那么 4 位元素矢量 I 编码为(1,1,0,1)。如果是 16 次激活，共得到 4 组编码，应用激活标识符压缩机制的代价是芯片面积增加了 16/256（6.25%）的存储电路面积。此例存储的 VIAI

---

① 多伦多大学研发的 Cnvlutin 加速器有两个版本：Cnvlutin[1] 和 Cnvlutin[2]。Cnvlutin[1] 是一款基于 FPGA 的加速器，能够提供更快的计算性能，而 Cnvlutin[2] 则是一款基于 GPU 的加速器，能够提供更高的计算效率。Cnvlutin[2] 加速器于 2020 年 3 月发布，而 Cnvlutin[1] 加速器于 2019 年 9 月发布。如无特别说明 Cnvlutin 加速器指 Cnvlutin[1] 加速器。——译者注

格式压缩编码为(1101,1,2,4)。另外，非零数据偏移量的随机性导致编码块长度不固定，硬件需要支持任意长度编码块的处理和存储。

7.2.10 跳过无效激活

如图 7.19 所示，Cnvlutin^2 加速器改进了调度器的设计，增加了跳过无效激活的检测器，各神经元读入编码块进行通道处理时，检测器根据数据有效性，即 VIAI 格式计算编码数据的偏移矢量。Cnvlutin^2 向神经功能单元（NFU）广播这些激活阈值信息及其偏移量。例如，如果激活编码块为(1,2,0,4)，向 NFU 广播的调度器控制信息为(00b,1)，(01b,2)和(11b,4)，其格式为(偏移量，神经元本值)。

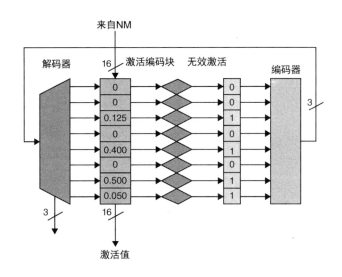

图 7.19　Cnvlutin^2 加速器跳过无效激活

7.2.11 跳过无效权重

如图 7.20 所示，相比 Cnvlutin 加速器，Cnvlutin^2 加速器改进了电路设计，跳过滤波器计算的无效权重系数。每个输入的激活编码块 $n^B(x,y,i)$，包含神经元 $n(x,y,i)$ 到 $n(x,y,i+15)$。增加的指示位 j 表示对应的 $I^B(x,y,i,j)$ 编码块是否有效。同理，$IS^B_f(x,y,i,j)$ 的指示位 j 表示对应滤波器 f 的权重系数块 $S^f_f(x,y,i)$ 是否有效。$S^B_f(x,y,i)$ 代表从 $s^f(x,y,i)$ 到 $s^f(x,y,i+15)$ 的权重系数组。根据指示位 j 的值，卷积计算中将跳过无效激活或无效权重偏移量，这样就加快了运算速度，降低了能耗。

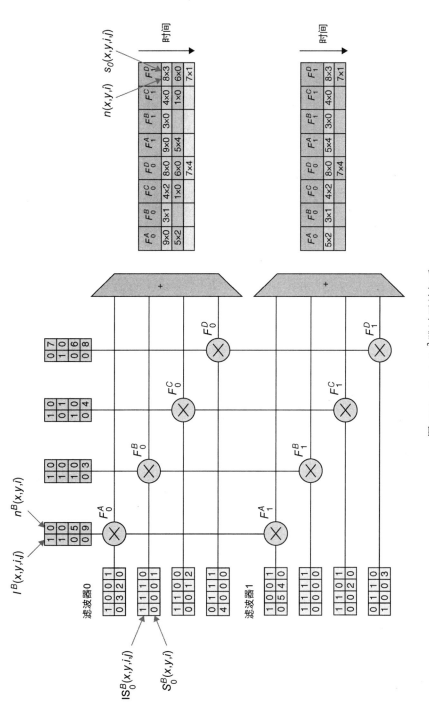

图 7.20　Cnvlutin² 跳过无效权重

思 考 题

1. 芯片实现中 eDRAM 的设计挑战是什么？

2. 如何改进 DaDianNao 神经功能单元以进行分层处理？

3. 如何增强 DaDianNao 流水线配置以实现并行处理？

4. 为什么 ZFNAf 格式在资源利用方面优于压缩稀疏列（CSC）方法？

5. 如何在 Cnvlutin 中实现网络修剪？

6. 能否改进数据传输的 Cnvlutin 编码块分配方法？

7. 为什么 Cnvlutin 处理顺序比 DaDianNao 好？

8. 如何改善跳过无效激活/无效权重的方法以实现网络稀疏性？

原著参考文献

[1] Chen, Y., Luo, T., Liu, S. et al. (2014). DaDianNao: A machine-learning supercomputer. *2014 47th Annual IEEE/ACM International Symposium on Microarchitecture,* 609–622.

[2] Chen, T., Du, Z., Sun, N. et al. DianNao: A small-footprint high-throughput accelerator for ubiquitous machine-learning. *ASPLOS '14, Proceedings of the 19th.*

[3] Leiserson, C. E. (1985). Fat-trees: Universal networks for hardware-efficient supercomputing. *IEEE Transactions on Computers* c- 34 (10): 892–901.

[4] Albericio, J., Judd, P., Hetherington, T. et al. (2016). Cnvlutin: Ineffectual-neuron-free deep neural network computing. *ACM/IEEE 43rd Annual International Symposium on Computer Architecture,* 1–13.

[5] Judd, P., Delmas, A., Sharify, S. et al. (2017). Cnvlutin2: Ineffectual-Activation-and-Weight-Free Deep Neural Network Computing. arXiv:1705.00125v1.

第8章 加速器的网络稀疏性

神经网络处理中的网络稀疏性降低了系统吞吐量。为了消除无效的零元素计算，提高系统吞吐量，人们提出了各种消除网络稀疏性的方法。这些方法基本上是从特征图设计入手，优化其编码/索引、滤波器权重共享/修剪、量化预测方案等。

8.1 能效推理引擎（EIE）加速器

根据文献[1]的介绍，斯坦福大学的能效推理引擎（EIE）加速器采用分布式内存处理稀疏矩阵-向量乘法的压缩网络模型，在保持精度的条件下实现权重共享。这种机制导入4比特的标识字段指示动态向量稀疏性、静态权重稀疏性、相对索引、权重共享和窄权重，在提高吞吐量的同时降低内存访问率。

EIE 加速器由前导非零检测（LNZD）网络、中央控制单元（CCU）和扩展处理元件（PE）构成。LNZD 网络检测输入数据的稀疏性，CCU 控制计算网段的次序，PE 处理实际卷积计算。

8.1.1 前导非零检测（LNZD）网络

1 个前导非零检测网络可支持 4 个 PE 的工作。如图 8.1 所示，LNZD 网络从输入激活中检测非零元素并输入前导非零检测节点。EIE 加速器通过单独的路由机制向 PE 阵列广播这些非零值及其索引。

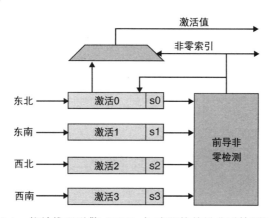

图 8.1 能效推理引擎（EIE）加速器的前导非零检测网络

8.1.2　中央控制单元（CCU）

中央控制单元与主机通信，通过控制寄存器监控每个 PE 的状态。中央控制单元有计算模式和 I/O 模式两种工作模式。在计算模式下，CCU 从分布式 LNZD 网络接收非零输入激活，并将结果广播给所有 PE。这一过程循环，直到 CCU 扫描完所有通道输入数据的稀疏性。在 I/O 模式下，所有 PE 停止计算，进入空闲状态，CCU 经由直接内存访问（DMA）机制获得新一批激活和权重数据。

8.1.3　处理元件（PE）

如图 8.2 所示，EIE PE 由激活队列、指针读取单元、稀疏矩阵访问单元、算术单元和激活读/写单元组成。计算过程中，CCU 向 PE 广播激活队列的非零输入元素及其索引。队列填满后，PE 开始从队列首位置处理输入元素，此时广播禁用。激活队列允许 PE 建立待处理任务列表，在各层非零元素变化时，处理极端工作负荷导致的潜在负载失衡问题。

指针读取单元根据激活队列的首个索引指示非零元素的开始和结束位置。为了在单周期内完成这个起始/结束指针的处理，在奇数/偶数静态随机存取存储器（SRAM）的存储体（bank）中存储指针，其最低有效位（LSB）指示待处理的存储体序号。

稀疏矩阵访问单元采用指针从稀疏矩阵内存中读取非零元素。非零元素送入算术单元，对激活队列的滤波器权重和首个元素执行乘加运算。如果出现连续自相加计算，计算从相同的累加器取数，即在连续自相加计算的时钟周期内，加法器的输出经由旁路再次路由到累加器的输入。

全连接层处理所需的源和目标激活寄存器文件存储在激活读/写单元。在下一网络层的计算周期内，倒换寄存器文件的读写位置。

8.1.4　深度压缩

能效推理引擎（EIE）加速器采用修剪和权重共享这类深度压缩方法[2][3]，删除网络中低于阈值的权重，维持稀疏密度在 4 %～25% 之间。

下面举例说明滤波器权重修剪、权重共享和量化过程，这些技术可以压缩神经网络，缩小模型规模，提高运行效率。如图 8.3 所示，假设权重更新使用 4×4 梯度矩阵和 4×4 权重矩阵，在权重共享过程中，将现有滤波器权重替换为索引表存储的 16 个备选值。在更新过程中，梯度矩阵元素按照颜色分组，再与学习速率相乘。从平均权重减去相应的归一化梯度得到滤波器权重。

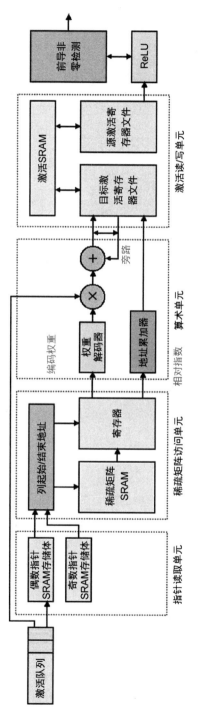

图 8.2　能效推理引擎（EIE）PE 架构

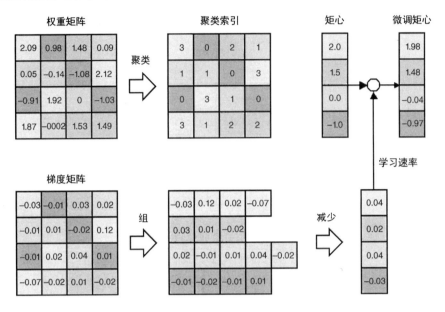

图 8.3　深度压缩权重共享和量化（见彩插）

输出激活定义为

$$b_i = \text{ReLU}\left(\sum_{j=0}^{n-1} W_{ij} a_j\right) \tag{8.1}$$

其中，

a_j　是输入激活向量的元素；

b_i　是输出激活向量的元素；

W_{ij}　是权重矩阵的元素。

经过深度压缩处理后的输出激活写为

$$b_i = \text{ReLU}\left(\sum_{j \in X_i \cap Y} S\big[I_{ij}\big] a_j\right) \tag{8.2}$$

其中，

$\boldsymbol{X}_i$ 是 $W_{ij} \neq 0$ 元素的 j 列的集合；

$\boldsymbol{Y}$ 是 $a_j \neq 0$ 元素的索引 j 的集合；

I_{ij} 是共享权重索引；

$\boldsymbol{S}$ 是共享权重值表。

只有非零值的 W_{ij} 和 a_j 进行乘法和累加运算。

能效推理引擎（EIE）加速器采用交织压缩稀疏列（CSC）对激活序列的稀疏性进行编码。权重矩阵 $\boldsymbol{W}$ 的非零权重存储在向量 $\boldsymbol{v}$ 中，采用与向量 $\boldsymbol{v}$ 等长的向量 $\boldsymbol{z}$ 存储 $\boldsymbol{v}$ 相应位置的连零数目。向量 $\boldsymbol{v}$ 和 $\boldsymbol{z}$ 均采用 4 位存储。如果连续零的数目超过 15，则在向量 $\boldsymbol{v}$ 插入1 个额外的零。例如：

$$\boldsymbol{w} = \left[0,0,1,2,0,0,0,0,0,0,0,0,0,0,0,0,0,0,0,\mathbf{0},0,0,3\right]$$
$$\boldsymbol{v} = \left[1,2,0,3\right]$$
$$\boldsymbol{z} = \left[2,0,15,2\right]$$

所有列 $\boldsymbol{v}$ 和 $\boldsymbol{z}$ 都存储在一个大数组对中，其中指针 p_j 指向向量起始地址，p_{j+1} 指向下一起始地址。因此非零值的数量为 $p_{j+1} - p_j$。

8.1.5　稀疏矩阵计算

在处理稀疏矩阵的向量乘法时，在 4 个 PE 上将输入激活向量 $\boldsymbol{a}$ 与权重矩阵 $\boldsymbol{W}$ 相乘，产生输出激活向量 $\boldsymbol{b}$。此计算首先扫描向量 $\boldsymbol{a}$ 以识别非零元素 a_j 并提取其索引 j，然后向所有 PE 广播 a_j 及其索引 j。如图 8.4 和图 8.5 所示，在 PE 中将输入激活向量 $\boldsymbol{a}$ 的非零元素与权重矩阵 $\boldsymbol{W}$ 对应位置的非零列元素 w_j 相乘，然后在累加器中累加 psum。在实际计算中，PE 读取权重矩阵 $\boldsymbol{W}$ 的非零权重元素仅需访问向量 $\boldsymbol{v}$ 的存储区域，按照指针位置 p_j 至 p_{j+1} 读取向量 $\boldsymbol{v}$。

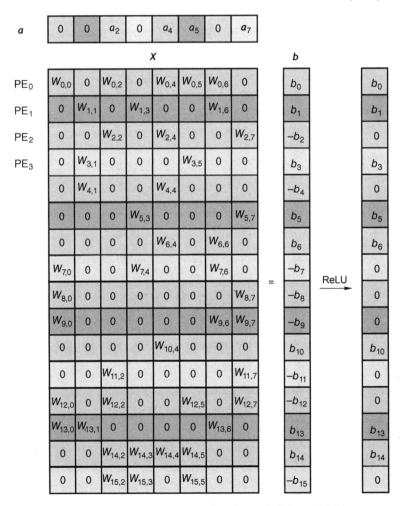

图 8.4　矩阵 $\boldsymbol{W}$、向量 $\boldsymbol{a}$ 和 $\boldsymbol{b}$ 在 4 个 PE 上交织（见彩插）

虚拟权重	$W_{0,0}$	$W_{8,0}$	$W_{12,0}$	$W_{4,1}$	$W_{0,2}$	$W_{12,2}$	$W_{0,4}$	$W_{4,4}$	$W_{0,5}$	$W_{12,5}$	$W_{0,6}$	$W_{8,7}$	$W_{12,7}$
行索引	0	1	0	1	0	2	0	0	0	2	0	2	0
列指针	0	3	4	6	6	8	10	11	13				

图 8.5　用压缩稀疏列格式的矩阵 W 布局（见彩插）

以图 8.4 为例，输入激活向量 a 的第一个非零输入激活元素是 a_2，值 a_2 及其列索引广播到所有 PE。a_2 与 w_2 列中的各非零元素（图中同色项）在各 PE 中相乘：

PE$_0$ 将 a_2 与 $w_{0,2}$ 和 $w_{12,2}$ 相乘；

PE$_1$ 的 w_2 均为零，因此不执行；

PE$_2$ 将 a_2 与 $w_{2,2}$ 和 $w_{14,2}$ 相乘；

PE$_3$ 将 a_2 与 $w_{11,2}$ 和 $w_{15,2}$ 相乘。

然后，将部分积的结果在相应的行累加器累加。在图 8.4 的例子中，b_0 和 b_{12} 的累加结果分别为

$$b_0 = b_0 + w_{0,2} a_2$$
$$b_{12} = b_{12} + w_{12,2} a_2$$

交织 CSC 编码格式利用了激活向量 a 的动态稀疏性和权重矩阵 W 的静态稀疏性，筛选出送入 PE 单元进行乘法计算的非零元素。这样不仅提高了整体运算效率，还降低了功耗。

8.1.6　系统性能

如图 8.6 所示，与 CPU 和 GPU 这类传统计算硬件相比，能效推理引擎（EIE）加速器的性能表现突出。这是因为 EIE 加速器跳过所有的无效零元素计算，加快了整体运算。如图 8.7 所示，与 CPU 和 GPU 相比，其能效得到 3 个数量级的提升。

8.2　寒武纪 X 加速器

如图 8.8 所示为中国科学院计算技术研究所（ICT）寒武纪 X（Cambricon-X）加速器[4]的架构，这个设计充分利用稀疏性和不规则性。采用位索引机制筛选非零神经元进行处理。寒武纪 X 加速器由控制处理器（CP）、缓冲区控制器（BC）、输入神经缓冲区（NBin）、输出神经缓冲区（NBout）、直接内存访问（DMA）模块和计算单元（CU）组成。控制处理器根据神经网络模型调整缓冲区控制器的工作方式，并将神经元加载到处理元件（PE）进行 16 位定点的本地计算。寒武纪 X 加速器的关键模块是缓冲区控制器 T_n 索引单元，这个单元提供需处理的非零神经元索引，因为索引单元数与 PE 单元数相同，可以直接实现对 PE 单元的工作进行通断配置。

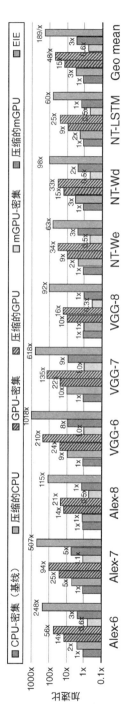

图 8.6　能效推理引擎（EIE）的加速比比较

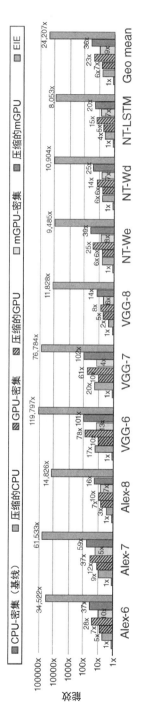

图 8.7　能效推理引擎（EIE）的能效比较

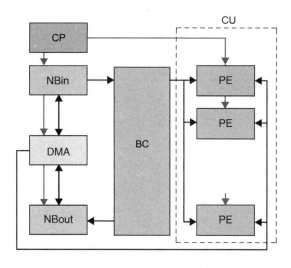

图 8.8 寒武纪 X 加速器的架构

8.2.1 计算单元

计算单元（CU）专门配合 T_n 索引单元，协助 PE 进行神经网络基本计算。为避免路由拥塞，所有 PE 采用胖树结构互连。PE 由处理元件功能单元（PEFU）和神经元突触缓冲区（SB）组成。PE 读取来自缓冲区控制器（BC）的神经元和来自局部 BC 的神经元突触，然后将数据送入 PEFU 执行两个阶段的向量乘法和加法流水线处理。结束后，输出神经元负责将数据写回 BC。如图 8.9 所示，每个 T_n-PEFU 都有 T_m 个乘法和加法树输入，可以完成 $T_n \times T_m$ 次并行乘–加法运算。

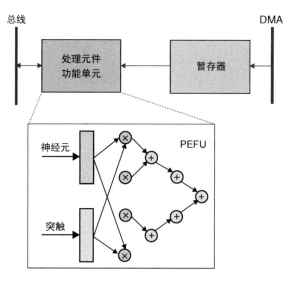

图 8.9 寒武纪 X 加速器 PE 的架构

最优的神经元突触缓冲区（SB）设计需要在存储神经元突触数据的同时，最小化内存访问延迟。图 8.10 介绍了寒武纪 X 加速器支持网络稀疏性的方法，图中 7 个输入神经元和 2 个输出神经元与 1 个具备 4 PE（T_m=4）的稀疏神经网络连接。神经元突触缓冲区中存储的参数 w_{ij} 是对应第 i 个输入神经元和第 j 个输出神经元的突触权重。输出神经元 0 的权重存储在地址 0，输出神经元 1 的权重存储在地址 1 和地址 2。计算输出神经元时，神经元突触缓冲区需要读取 1 次输出神经元 0。读取 2 次输出神经元 1。第一次读取地址 0 的权重；第二次读取地址 1 的权重；第三次读取地址 2 的权重。从这个例子中

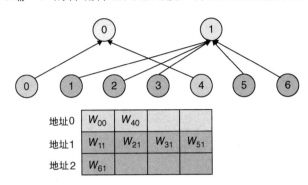

图 8.10　寒武纪 X 加速器的稀疏压缩

可以看到，每次计算输出神经元的内容时，参与计算的神经元突触权重数不固定，读取的次数也不固定。如果采用顺序方式，对整体时序的一致性产生较大影响。为提高整体性能，神经元突触缓冲区支持异步方式加载神经元突触权重。

8.2.2　缓冲区控制器

如图 8.11 所示，缓冲区控制器（BC）由索引模块（IM）和缓冲区控制器功能单元（BCFU）组成。BCFU 存储对应索引信息的神经元。BCFU 将输入神经元从输入神经缓冲区（NBin）传输到 PE 进行并行处理或直接输入 BCFU。如图 8.12 所示，PE 计算后，结果存储在 BCFU 中，以备将来处理或写回输出神经缓冲区（NBout）。

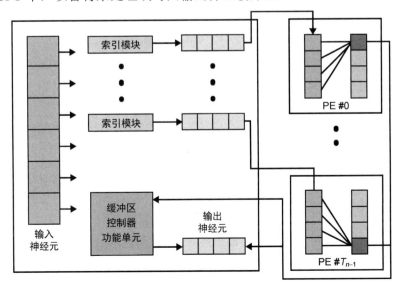

图 8.11　寒武纪 X 加速器的缓冲区控制器架构

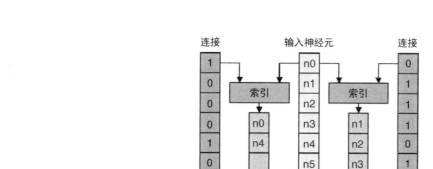

图 8.12　寒武纪 X 加速器的索引模块架构

索引模块（IM）筛选 BC 中的非零神经元，找到非零神经元进行索引处理。IM 采用直接或分步索引。直接索引采用二进制字符串指示相应神经元突触列的状态，"1 表示存在，0 表示不存在"。这些状态按对应位置添加在字符串中。然后在原始字符串和累加字符串间进行逻辑与运算，生成输入神经元的索引，如图 8.13 所示。

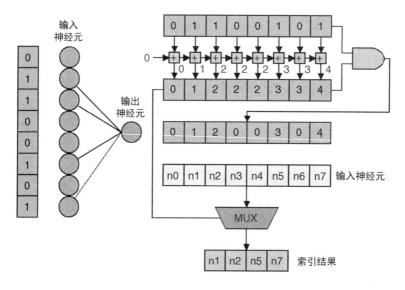

图 8.13　寒武纪 X 加速器的直接索引架构

分步索引采用有效神经元间距离得到对有效输入神经元的寻址，如图 8.14 所示。按照索引表中元素的距离值相加，得到实际输入神经元的位置索引。

与直接索引法相比，随着输入矩阵的稀疏性增加，分步索引法成本也会增加。但在面积和功耗指标方面，分步索引法始终低于直接索引法。

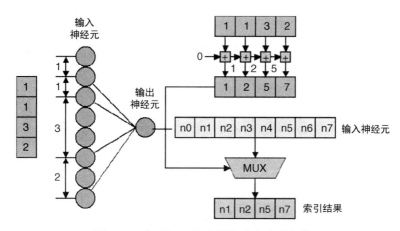

图 8.14　寒武纪 X 加速器的分步索引架构

8.2.3　系统性能

如图 8.15 所示，寒武纪 X 加速器与 CPU-Caffe、GPU-Caffe 和 GPU-cuBLAS 密集型神经网络模型相比，系统性能分别提高了 51.55 倍、5.20 倍和 4.94 倍，与 CPU-稀疏和 GPU-cu 稀疏相比分别提高了 144.41 倍、10.60 倍，与 DianNao 加速器相比提高了 7.23 倍。

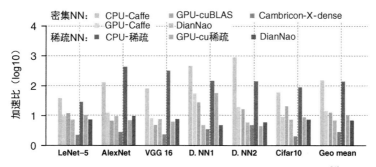

图 8.15　寒武纪 X 加速器与其他加速器的时序性能比较[4]

如图 8.16 所示，寒武纪 X 加速器与传统的 GPU 计算方式相比，在能效方面，密集型计算提高了 37.79 倍，稀疏型计算提高了 29.43 倍；与 DianNao 加速器相比，提高了 6.43 倍。

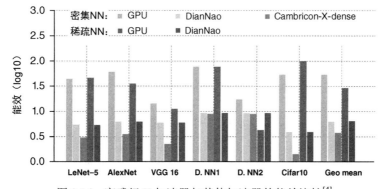

图 8.16　寒武纪 X 加速器与其他加速器的能效比较[4]

8.3 稀疏卷积神经网络（SCNN）加速器

麻省理工学院提出采用稀疏编码方案消除零计算的 SCNN 加速器[5]。这种加速器充分利用了激活和权重稀疏性，在实际计算中采用了一种新的笛卡儿积流计算，称为平面分块-输入固定-笛卡儿积-稀疏（Planar Tiled-Input Stationary-Cartesian Product-sparse，PT-IS-CP-sparse）数据流计算。

8.3.1 SCNN 加速器的 PT-IS-CP-密集数据流

卷积运算是占用 90%以上算力的密集型运算。如图 8.17 所示，在 SCNN 卷积计算中，K 重滤波器以 $C \times R \times S$ 为滤波器权重与数量为 N 的 $C \times W \times H$ 输入激活进行批次卷积，得到输出激活。

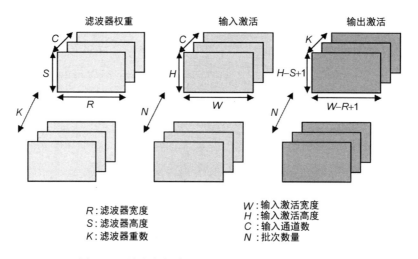

R：滤波器宽度　　　　　　W：输入激活宽度
S：滤波器高度　　　　　　H：输入激活高度
K：滤波器重数　　　　　　C：输入通道数
　　　　　　　　　　　　　N：批次数量

图 8.17　稀疏卷积神经网络（SCNN）的卷积计算

如图 8.18 所示，卷积过程拆解为 7 个变量的嵌套循环。

```
for n = 1 to N
  for k = 1 to K
    for c = 1 to C
      for w = 1 to W
        for h = 1 to H
          for r = 1 to R
            for s = 1 to S
              Out[n][k][w][h] + = in[n][c][w + r=1] [h + s −1] ×
                                  filter [k][c][r][s]
```

图 8.18　稀疏卷积神经网络（SCNN）卷积计算嵌套循环

以平面分块-输入固定-笛卡儿积-密集（PT-IS-CP-dense）数据流的计算说明将卷积计算的嵌套循环计算分解为并行处理的过程。计算采用输入固定（IS）方法。在所有滤波器权重计算时复用输入激活，生成 K 个输出 $W \times H$ 输出激活的通道。对 C 个输入通道，其数据的计算循环顺序变为

$$C \rightarrow W \rightarrow H \rightarrow K \rightarrow R \rightarrow S$$

输入缓冲区存储计算的输入激活和滤波器权重。累加器执行读、加、写操作，累加所有 psum，并产生输出激活。为了提高性能，采用了分块策略，将 K 个输出通道按 K_c 长度划分为 K/K_c 个输出组。对每个输出组，将对应的滤波器权重和输出通道结果存储其中。

$$
\begin{array}{ll}
\text{权重：} & C \times K_c \times R \times S \\
\text{输入激活：} & C \times W \times H \\
\text{输出激活：} & K_c \times W \times H
\end{array}
$$

$$K/K_c \rightarrow C \rightarrow W \rightarrow H \rightarrow K_c \rightarrow R \rightarrow S$$

另外利用 PE 内部的空间复用实现 PE 内部并行处理。从权重缓冲区读取滤波器权重（F），从输入激活缓冲区读取输入激活（I）。之后送到 $F \times I$ 阵列乘法器，进行 psum 的笛卡儿积（CP）计算。计算过程中复用滤波器权重和输入激活，消除了中间过程的数据访问。计算得到的 psum 都在本地存储，持续计算。达到了不进行内存访问的效果。

空间分块策略按照 PE 阵列划分负载，实现 PE 间的并行处理。$W \times H$ 输入激活划分为较小的 $W_t \times H_t$ 平面分块（PT），并在 PE 间分配。每个 PE 根据自己的组滤波器权重和输入激活操作，生成输出激活。空间分块策略还支持将 $C \times W_t \times H_t$ 数据分配给 PE 进行分布式计算，即多通道处理。

在计算分块的边缘部分时，滑动窗口技术带来了跨分块的数据依赖问题。SCNN 加速器采用数据光晕（halo）技术解决这一问题：

- 输入 halo：PE 输入缓冲区的规模略大于 $C \times W_t \times H_t$ 空间，以包含所有 halo 区域的数据。相邻的 PE 复制输入 halo 数据，但每个 PE 只负责本地计算的对应数据输出。
- 输出 halo：PE 累加缓冲区的规模也略大于 $K_c \times W_t \times H_t$ 空间，以包含 halo 区域的数据。但是 halo 中的 psum 结果不完整，在输出通道计算结束，输出累加结果时，当前 PE 与相邻 PE 通信，以得到最终的 psum 结果。

PT-IS-CP-密集数据流的格式如图 8.19 所示。

```
BUFFER wt_buf[C][Kc*R*S/F][F]
BUFFER in_buf[C][Wt*Ht/I][I]
BUFFER acc_buf[Kc][Wt+R-1][Ht+S-1]
BUFFER out_buf[k/Kc][Kc*Wt*Ht]
for k' = 0 to K/Kc-1                                        (A)
{
    for c = 0 to C -1
        for a = 0 to (Wt*Ht/I)-1
        {
            in[0:I-1] = in_buf[c][a][0:I-1]                 (B)
            for w = 0 to (Kc*R*S/F) -1                      (C)
            {
                Wt[0:F-1] = wt_buf[c][w][0:F-1]             (D)
                parallel_for (i = 0 to I-1) × (f = 0 to F-1) (E)
                {
                    k = Kcoord(w,f)
                    x = Xcoord(a,i,w,f)
                    y = Ycoord(a,i,w,f)
                    acc_buf[k][x][y] += in[i] x wt[f]       (F)
                }
            }
        }
    out_buf[k'][0:kc*Wt*Ht-1] = acc_buf[0:Kc-1][0:Wt-1][0Ht-1]
}
```

图 8.19 PT-IS-CP-密集数据流

8.3.2 SCNN 加速器的 PT-IS-CP-稀疏数据流

平面分块-输入固定-笛卡儿积-稀疏（PT-IS-CP-sparse）数据流计算是从 PT-IS-CP-密集数据流导出的。它支持滤波器权重和输入激活的稀疏处理。滤波器权重分组成大小为 $K_c \times R \times S$ 的压缩稀疏块，输入激活编码为 $W_t H_t$ 规格的处理块。与 PT-IS-CP-密集数据流类似，PE 计算 $F \times I$ 的 psum 乘积，其中 F 是非零滤波器权重，I 是非零输入激活。根据非零数据的坐标得到输出索引。这样就可以将大尺寸的累加缓冲区修改为较小的分布式累加缓冲区阵列。根据其输出索引得到 psum 对应累加缓冲区数组的位置。修改 PT-IS-CP-稀疏数据流可以获取压缩的稀疏索引[①]给出的输入激活（B）、滤波器权重（D）和累加缓冲区（F）位置。

8.3.3 SCNN 加速器的分块架构

如图 8.20 所示，SCNN 加速器支持具有分块处理能力的 PT-IS-CP-稀疏数据流架构。采用 PE 阵列间的 PE 连接交换 halo 参数。输入激活 RAM（IARAM）接收输入激活，输出激活 RAM（OARAM）发送输出激活。网络层序列控制器负责 PE 和 DRAM 之间的数据搬移。

---

① 基于 PT-IS-CP-密集数据流。

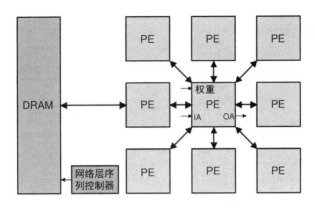

图 8.20　SCNN 加速器的分块架构

8.3.4　SCNN 加速器的 PE 架构

如图 8.21 所示，PE 由一个权重缓冲区、输入/输出激活 RAM（IARAM/OARAM）、乘法器阵列、仲裁交叉阵列、累加缓冲区和后处理器（PPU）组成。首先将部分压缩输入激活和滤波器权重送入 PE。然后乘法器阵列计算笛卡儿积，得到 $K_c \times W_t \times H_t$ 的 psum 矩阵，在缓冲器中存储。累加缓冲区[①]包括加法器和一组输出通道接口，累加缓冲区支持双缓冲策略，一个缓冲区用于 psum 的计算，另一个用于输出到 PPU，进行后续处理。

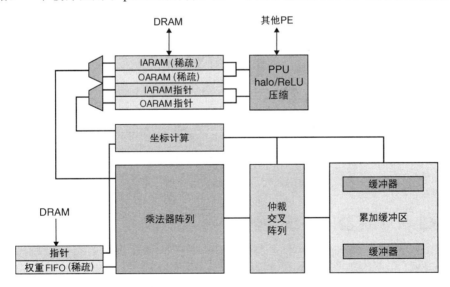

图 8.21　SCNN 加速器的 PE 架构

---

① 在图 8.21 中，缓冲器和累加缓冲区是不同的组件。缓冲器是用于存储 PE 计算得到的部分压缩输入激活和滤波器权重的乘积的，得到 $K_c \times W_t \times H_t$ 的 psum 矩阵。而累加缓冲区则用于累加这些 psum 值，并进行后续处理，例如激活函数或者量化等。因此，这两种组件在 PE 中扮演着不同的角色。——译者注

后处理器（PPU）的任务如下：

- 与相邻的 PE 交换 halo 区域 psum 结果；
- 执行非线性激活、池化处理和退出；
- 压缩输出激活并写入 OARAM。

8.3.5　SCNN 加速器的数据压缩

如图 8.22 所示，采用改进的编码方法压缩滤波器权重和输入/输出激活，新的编码由数据向量和索引向量构成。数据向量存储非零数据，索引向量的第一个元素指示非零元素数，其后是非零数据之间的零值个数。非零索引进行编码时，2 个非零数据之间的零值个数采用 4 位编码（即最多可以表达的零值个数为 15），得到索引向量元素。如果连续零值数超过 15，而压缩效率没有显著降低，就需要引入对索引向量的额外处理。

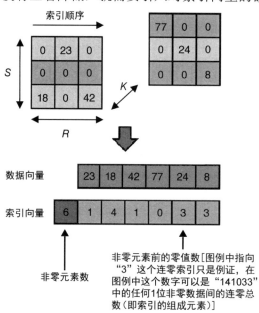

图 8.22　SCNN 加速器的数据压缩

8.3.6　SCNN 加速器的系统性能

图 8.23 比较了 SCNN 加速器、密集 DCNN 加速器和 SCNN（oracle）加速器的性能。给出了 SCNN（oracle）设计性能上限。运算的乘法次数降低为之前的 1/1024。在 SCNN 加速器上运行 AlexNet、GoogLeNet 和 VGGNet 模型时，与 DCNN 加速器相比，各模型的性能分别提高了 2.37 倍、2.19 倍和 3.52 倍。SCNN 和 SCNN（oracle）性能的差距是 PE 内碎片化的数据特点和 PE 间同步障碍导致的。

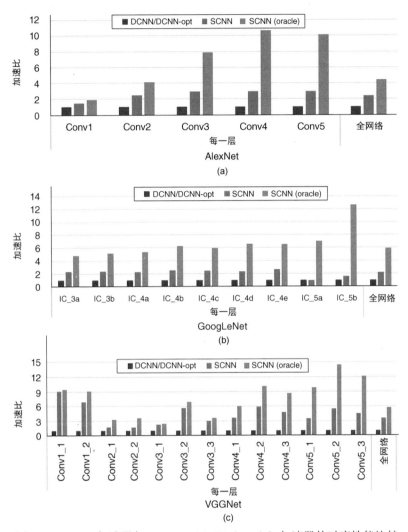

图 8.23　SCNN 加速器与 DCNN、SCNN（oracle）加速器的时序性能比较

在能效方面，如图 8.24 所示，根据输入激活的稀疏度，SCNN 加速器比 DCNN 加速器提高了 0.89 倍到 4.7 倍，比 DCNN-opt 设计提高了 0.76 倍到 1.9 倍。

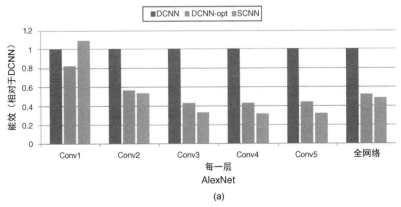

图 8.24　SCNN 加速器与 DCNN 加速器的能效比较

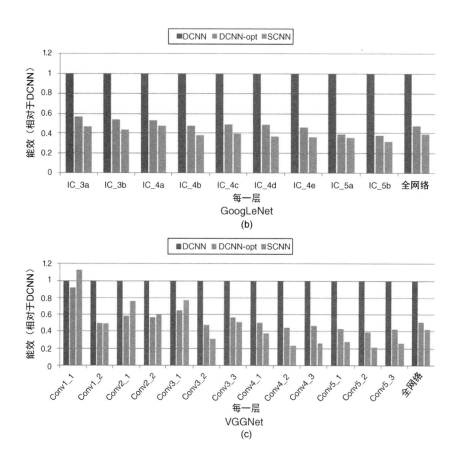

图 8.24 SCNN 加速器与 DCNN 加速器的能效比较（续）

8.4 SeerNet 加速器

文献[6]介绍了微软提出的 SeerNet 加速器，它采用量化卷积预测特征图的稀疏性。这个算法采用量化特征图的二进制稀疏掩码加快推理速度。如图 8.25 所示，特征图 F 和滤波器权重 W 量化为 F_q 和 W_q。执行量化低比特位宽数据的推理、量化卷积（Q-Conv）和量化 ReLU（Q-ReLU）激活，生成稀疏掩码 M。然后，对 W 和 F 执行全精度稀疏推理计算，得到输出特征图 F'。

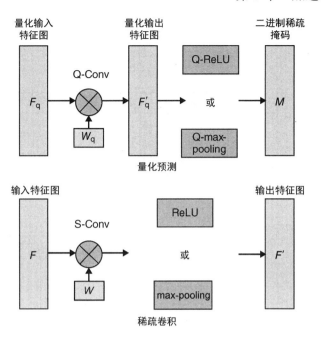

图 8.25　SeerNet 架构

8.4.1　低位量化

低位量化通过在线和离线处理生成量化滤波器权重。量化的复杂度仅为 $1/(HW)$，其中 H 和 W 是输出特征图的维数。在线处理的优点是并行程度高，计算复杂度低，开销小；离线方式以额外存储的代价消除了量化开销。在线量化对输入特征图和滤波器权重进行量化卷积计算，得到二进制稀疏掩码。然后，对原始滤波器权重和输入特征图进行稀疏卷积（S-Conv），生成具有稀疏掩码的输出特征图。

8.4.2　有效量化

量化处理是加速神经网络训练和推理的有效方法。与传统的计算过程的完全量化不同，神经网络训练和推理的量化侧重于逐层处理，应用低位量化结果预测输出特征图。对于 ReLU 激活，只确定输出特征图的符号，将所有负值归零。最大池化（max-pooling）计算只在特征图中寻找最大值，没有任何精度。如图 8.26 所示，低位量化方法允许以更少的功耗进行更快的推理。

量化流定义如下：

- 定义量化级别 2^{n-1}，其中 $n-1$ 代表正范围和负范围；
- 求所有张量的最大绝对值 M；

● 如图 8.27 所示，用以下公式计算量化值

$$x' = \mathrm{floor}\left(\frac{x}{M} \times 2^{n-1}\right) \tag{8.3}$$

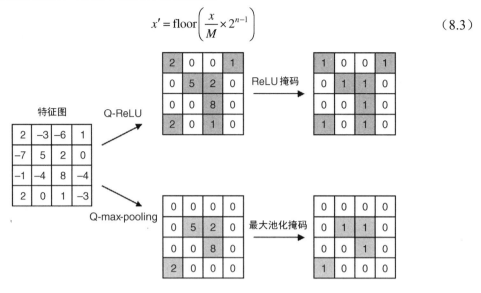

图 8.26　SeerNet 量化激活和量化最大池化

图 8.27　SeerNet 量化

8.4.3　量化卷积

经典卷积

$$Y = \sum_{i}^{N} W_i \otimes X_i \tag{8.4}$$

其中，

Y 是输出特征图；

X_i 是输入特征图；

W_i 是滤波器权重；

$\otimes$ 是卷积算子。

整数卷积公式如下：

$$f(Y) = f\left(\sum_{i}^{N} W_i \otimes X_i\right) \tag{8.5}$$

$$f(Y) = \sum_i^N f(W_i \otimes X_i) \tag{8.6}$$

$$f(Y) = \sum_i^N f_{w \times x}^{-1}\big(f_w(W_i) \otimes f_x(X_i)\big) \tag{8.7}$$

其中，

f_x 是输入特征图量化函数；

f_w 是滤波器权重量化函数；

$f^1_{w \times x}$ 是去量化函数；

$\otimes$ 是整数卷积。

量化 ReLU（Q-ReLU）的激活的符号函数如下：

$$\mathrm{sign}\big(f(Y)\big) = \mathrm{sign}\left(\sum_i^N f_{w \times x}^{-1}\big(f_w(W_i) \otimes f_x(X_i)\big)\right) \tag{8.8}$$

$$\mathrm{sign}\big(f(Y)\big) = \mathrm{sign}\left(\sum_i^N f_w(W_i) \otimes f_x(X_i)\right) \tag{8.9}$$

其中，sign 表示函数的正负号。

批量归一化计算可减少特征图的变量偏移：

$$B = \frac{\alpha \times (Y - \mu)}{\sqrt{\sigma^2 + \varepsilon}} + \beta \tag{8.10}$$

如果将量化批量归一化直接应用于 Q-Conv[①]，则会由于量化精度损失而引入预测稀疏性的误差

$$B = \frac{\alpha \times \left(\sum_i^N W_i \otimes X_i + \mathrm{bias} - \mu\right)}{\sqrt{\sigma^2 + \varepsilon}} + \beta \tag{8.11}$$

采用内核融合操作[②]可以将量化误差最小化

$$f(B) = f\left(\frac{\sum_i^N \alpha W \otimes X_i + \alpha(\mathrm{bias} - \mu)}{\sqrt{\sigma^2 + \varepsilon}} + \beta\right) \tag{8.12}$$

$$f(B) = \frac{f\left(\sum_i^N \alpha W_i \otimes X_i\right) + f\big(\alpha(\mathrm{bias} - \mu)\big)}{f\left(\sqrt{\alpha^2 + \varepsilon}\right)} + f(\beta) \tag{8.13}$$

---

① Q-Conv 指量化卷积运算，即将卷积层中的权重和输入数据量化为固定的精度。在这种运算中，量化精度的损失会产生误差，导致稀疏性预测的错误。如果直接在 Q-Conv 中应用量化批归一化（quantized batch normalization），这些误差会被引入稀疏性预测中。量化批归一化是一种将批归一化应用于量化网络的方法，它可以帮助量化网络更好地适应量化精度损失。——译者注

② 内核融合操作（kernel fusion operation）指将多个卷积核（kernel）合并为一个更大的卷积核的操作。在 SeerNet 加速器中，内核融合操作是一种优化技术，旨在减少卷积运算中的计算量和内存占用。具体来说，当进行多个卷积运算时，每个卷积运算都需要加载一个卷积核到内存中，这会占用大量的内存空间。而通过内核融合操作，可以将多个卷积核合并为一个更大的卷积核，从而减少内存占用。此外，由于卷积运算是计算密集型的，通过内核融合操作还可以减少计算量，提高运算速度。总之，内核融合操作是一种优化技术，可以在卷积运算中减少内存占用和计算量，从而提高运算速度。——译者注

$$f(B) = \frac{\sum\limits_{i}^{N} f_w(\alpha W_i) \otimes f_x(X_i) + f\big(\alpha(\text{bias} - \mu)\big)}{f\big(\sqrt{\sigma^2 + \varepsilon}\big)} + f(\beta) \qquad (8.14)$$

8.4.4 推理加速器

应用英特尔 AVX2 向量计算库,可以加速推理运算。英特尔的向量计算库采用 8 位整数运算处理 4 位算术运算。256 位向量运算可并行执行 32 个 8 位整数运算,即 32 个 4 位算术运算。

8.4.5 稀疏性掩码编码

如图 8.28 所示,为提高稀疏卷积的效率,业界提出了一种采用行和列索引向量对稀疏掩码进行编码的新格式,将特征图转换为向量格式。记录列索引向量中稀疏比特的位置和行索引向量中的各行、列索引的起始位置。

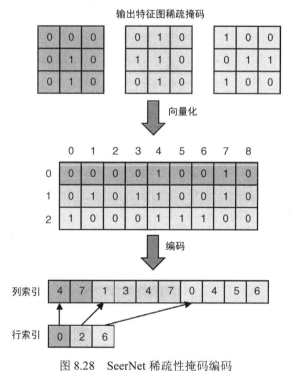

图 8.28 SeerNet 稀疏性掩码编码

8.4.6 系统性能

表 8.1 比较了 SeerNet 加速器与 LCCL[7]、PFEC[8]、BWN 和 XNOR[9] 等几种加速器的

性能，具体对比这些加速器在处理三种神经网络模型稀疏性的性能。采用的三种模型是 ResNet-18、ResNet-34 和 VGG-16；LCCL 采用小型协作网络训练预测稀疏性；PFEC 修剪卷积滤波器；BWN 和 XNOR 通过模型量化来加速推理。SeerNet 以较小的精度损失代价，使三种模型的性能分别提升了 30%、22.2%和 40.1%。

表 8.1　SeerNet 与其他几种加速器的系统性能比较

模　型	加速器	Top-1 准确率下降（%）	Top-5 准确率下降（%）	加速比	再训练
ResNet-18	SeerNet	0.42	0.18	30.0	否
	LCCL	3.65	2.30	20.5	是
	BWN	8.50	6.20	50.0	是
	XNOR	18.10	16.00	98.3	是
ResNet-34	SeerNet	0.35	0.17	22.2	否
	LCCL	0.43	0.17	18.1	是
	PFEC	1.06	—	24.2	是
VGG-16	SeerNet	0.28	0.10	40.1	否
	PFEC	—	0.15	34.0	是

思　考　题

1．为什么能效推理引擎（EIE）深度压缩有利于网络稀疏性？

2．如何将动态网络修剪纳入 EIE 设计？

3．如何改进 EIE 处理器架构？

4．如何将 k-means 方法应用于 EIE 网络压缩？

5．为什么寒武纪 X 加速器分步索引比直接索引更难实现？

6．如何将 SCNN PT-IS-CP-稀疏数据流应用于完全连接的层？

7．如何将 SeerNet 高效量化与深度压缩方法相结合？

8．网络稀疏方法的优缺点分别是什么？

原著参考文献

[1] Han, S., Liu, X., Mao, H. et al. (2016). EIE: Efficient Inference Engine on Compressed Deep Neural Network. arXiv:1602.01528v2.

[2] Han, S., Mao, H., and Dally, W. J. (2016). Deep compression: Compressing deep neural networks with pruning, trained quantization and huffm.n coding. In International Conference on Learning Representations (ICLR).

[3] Han, S., Pool, J., Tran, J. et al. (2015). Learning both Weights and Connections for Efficient Neural

Networks. arXiv: 1506.02626v3.

[4] Zhang, S., Du, Z., Zhang, L. et al. (2016). Cambricon-X: An accelerator for sparse neural networks. 2016 49th Annual IEEE/ACM International Symposium on Microarchitecture, 1–12.

[5] Parashar, A., Rhu, M., Mukkara, A. et al. (2017). SCNN: An Accelerator for Compressed-Sparse Convolutional Neural Network. arXiv:1708.04485v1.

[6] Cao, S., Ma, L., Xiao, W. et al. (2019). SeeNet: Predicting convolutional neural network feature-map sparsity through low-bit quantization. Conference on Computer Vision and Pattern Recognition.

[7] Dong, X., Huang, J., Yang, Y. et al. (2017). More is less: A more complicated network with less inference complexity. Proceedings of the IEEE Conference on Computer Vision and Pattern Recognition.

[8] Li, H., Kadav, A., Durdanovic, I. et al. (2017). Pruning Filters for Efficient ConvNets. arXiv: 1608.08710v3.

[9] Rastergari, M., Ordonez, V., Redmon, J. et al. (2016). XNOR-N et: ImageNet classification using binary convolutional neural networks. European Conference on Computer Vision.

第9章 加速器芯片的三维堆叠工艺

本章介绍深度学习加速器的三维（3D）堆叠封装技术。如果在加速器芯片设计中采用三维集成电路封装工艺，可以实现相同网络层的晶粒（die，也称裸芯片）堆叠封装。采用文献[1] [2] [3] [4] [5]介绍的三维网桥（3D-NB）路由技术为逻辑电路提供信号互连和电源供应；电路工作产生的热量由重分布层（RDL）和硅通孔（TSV）耗散；采用片上网络（NoC）的高速通道解决内存访问瓶颈。最后介绍功率和时钟选通（也称门控）技术可以集成到三维网桥中，以支持大型神经网络处理。

9.1 三维集成电路架构

如图 9.1 和图 9.2 所示，IC 的三维封装技术分为 2.5D 中介层和 3D 全堆叠结构。2.5D 中介层封装将不同的晶粒固定在中介层上，水平方向采用重分布层（RDL），垂直方向采用 TSV 实现互连。NVIDIA 采用这种工艺将 GPU 与高带宽内存（HBM）通过 NVLink2 连接起来，解决内存瓶颈，实现高速数据传输。将多晶粒通过 TSV 互连的堆叠工艺称为 3D 全堆叠设计。Neurocube 和 Tetris 加速器采用混合内存立方体（HMC）实现存内计算的架构。避免了片外数据访问，提高了整体处理效率。智能内存立方体（SMC）技术进一步提高了 NeuroStream 加速器的性能。然而，与专用集成电路（ASIC）的传统封装工艺相比，3D IC 的成本高 20%，这限制了 3D IC 技术的发展。

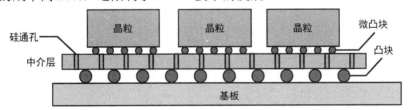

图 9.1 2.5D 中介层结构

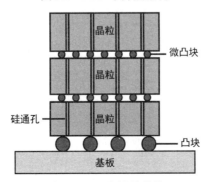

图 9.2 3D 全堆叠结构

3D IC 需要解决供电和散热问题。在多晶粒堆叠结构中，用额外电源走线从下到上给晶粒供电的形式是金字塔形的配电网络（PDN），如图 9.3 所示。这种结构需要大量的布线，占用相应的面积。由于深度学习加速器各网络层的物理实现不同，不同功能（卷积、池化、激活和归一化）的芯片无法堆叠在一起。堆叠晶粒结构还存在散热问题，热量很难从立体结构中心的晶粒耗散。高温会降低整体性能。

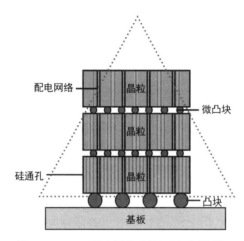

图 9.3　3D IC 配电网络配置（金字塔形）

为了克服三维芯片封装设计的挑战，业界提出 X 拓扑结构的重分布层配电网络（RDL PDN）改进当前流程。新的三维网桥（3D-NB）提供额外的水平 RDL/垂直 TSV 资源，解决功耗和散热问题。

9.2　配　电　网　络

因为 IR 压降这一电源轨压降的存在，配电网络的架构直接影响芯片性能的发挥。不合理的 PDN 会带来布线网络的高电阻，导致 IR 出现剧降，这会降低整体性能。极端 IR 压降情况下芯片可能无法工作。

对于芯片设计，如果最高 IR 压降为 10%，这意味着性能下降 10%，

$$V_{PDN} = I_{chip}R_{PDN} \tag{9.1}$$

其中，

V_{PDN} 是电源轨压降；

R_{PDN} 是电源轨有效电阻；

I_{chip} 是芯片电流。

芯片电压表示为

$$V_{chip} = V_{dd} - V_{PDN} \tag{9.2}$$

$$V_{chip} = V_{dd} - I_{chip}R_{PDN} \tag{9.3}$$

其中，

V_{chip} 是芯片电压；

V_{dd} 是电源电压。

根据封装技术的不同，引线键合和倒装芯片设计的 IR 压降曲线不同。在引线键合方案中，电源凸块[①]部署在芯片边缘侧。IR 曲线随着距离向内凹，最大 IR 压降出现在芯片中心位置。在倒装芯片方案中，电源凸块部署在芯片中心位置。IR 压降呈现凸形，在芯片边缘侧出现最大 IR 压降。如图 9.4 所示，引线键合和倒装芯片设计需要不同的配电网络。

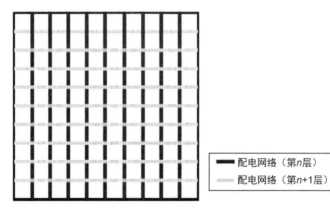

图 9.4　传统配电网络曼森几何结构

在芯片制造流程中通常为信号的布线提供多个金属层资源。窄宽度/间距的低金属层用于信号布线。顶部金属层具有一定厚度要求，以配置引线键合的 I/O 焊盘，具有一定的机械应力的键合承压能力，也用于 PDN 配置，可最大限度地减少 IR 压降。PDN 采用曼哈顿拓扑结构（X 形拓扑），顶层和底层金属相互垂直放置，如图 9.5 所示，电源轨通过多通孔互连，以降低等效电阻。多通孔结构也有助于满足电磁（EM）和成品率设计（DFY）指标。

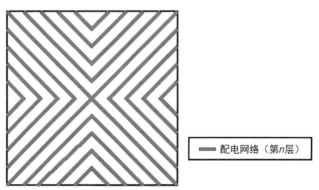

图 9.5　新型配电网络 X 形拓扑

① 电源凸块是指封装工艺范畴的电源引线和信号引线凸块。

　　PDN 的改进方案[6-9]采用低电阻重分布层（RDL）取代顶部的两层厚金属层，并采用 X 形拓扑配置电源轨。确保引线键合和倒装芯片互连技术产生的电源电流在芯片上均匀分布。这也是顶部电源轨采用 X 形拓扑方式，不采用布局布线供电的原因。否则会对各信号走线的正交性带来不良影响（信号走线在电源层下的金属层中）。通过这种改进方案，不仅可以去除芯片顶部的两个厚金属电源轨，还可以降低 3D IC 的封装成本，实现与专用集成电路（ASIC）封装几乎相同的造价。

9.3　三维网桥工艺

　　如图 9.6 所示，三维网桥（3D-NB）源自三维系统级封装（SIP）技术。三维网桥采用主流工艺技术制造，提供额外的路由资源解决路由拥塞问题。通过 3D-NB 的 RDL 和硅通孔（TSV）在水平方向和垂直方向实现自下而上的互连，避免了 PDN 布局的金字塔问题。这些 RDL/TSV 走线结构可以充当散热的冷却管，也解决了散热问题。

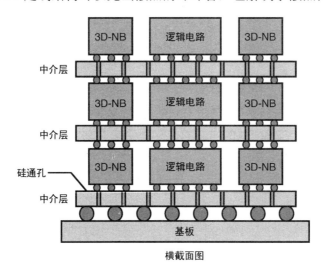

横截面图

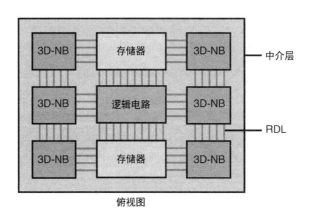

俯视图

图 9.6　二维网桥

3D-NB 还可以把相同功能的晶粒堆叠实现相应网络层，支持大型神经网络。

9.3.1　三维片上网络

如图 9.7 所示，深度神经网络的各层间存在大量互连。神经节点输出导入到下一层的输入。在三维片上网络（3D-NoC）方案中，节点信息封装在数据包中并广播到网络。相应的节点获取数据包进行数据处理。三维网络交换机（3D-NS）可以在 6 个方向（东、南、西、北、上、下）实现数据传输，如图 9.8 所示，它采用简单的背靠背门控逆变器实现，门控逆变器通过动态编程支持各种网络拓扑。

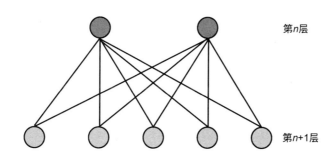

图 9.7　神经网络层多节点连接

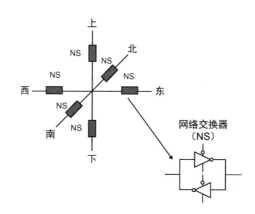

图 9.8　三维网络交换机

如图 9.9 所示，三维网桥结构还可以进一步划分为多级网段。数据包只传递到目标网段。空闲的网络部分下电关闭，这可以显著减少网络流量，提高整体性能。另外这种网络稀疏性方案也易于与三维片上网络（3D-NoC）方法集成。

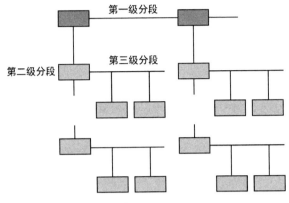

图 9.9　三维网桥划分为多级网段

9.3.2　多通道高速链路

与英伟达 NVLink2 结构类似，可以采用多通道高速差分结构实现数据传输，如图 9.10 所示。这种结构可以实现小幅度信号的高速（2 GHz 及以上）传输，并降低了整体功耗，具有更好的抗噪能力。通过多通道高速链路内存控制器可以实现外部内存和对应逻辑电路间的大量数据传输。

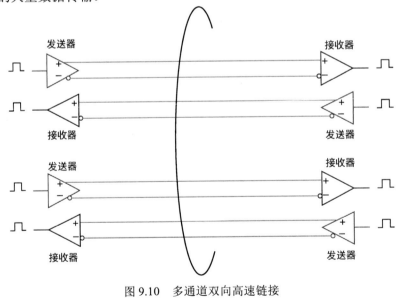

图 9.10　多通道双向高速链接

9.4　低功耗技术

9.4.1　电源选通

两级电源选通（Power gating，也称电源门控）是一种有效的分层关闭方法，为神经网络的处理节省电能。电源选通通过电源开关控制将电源走线分为全局电源和虚拟电源。电源开关又分为 PMOS 头开关（连接到 VDD）和 NMOS 脚开关（连接到 VSS），如图 9.11 所示。可以采用头或脚电源开关减少区域开销。与 NMOS 电源开关相比，PMOS 电源开关的漏电和接地抖动更少。

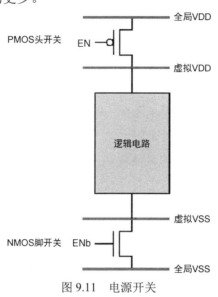

图 9.11 电源开关

电源选通将逻辑电路的供电进行多区域管理，应用粗精度选通技术管理整个电路的供电开关。在电路内部采用高精度选通技术管理特定区域的电源开/关。如果同时接通所有电路的电源开关，则会带来电压和电流的瞬间突变，可能损坏逻辑电路。这种情况下采用延迟逻辑顺序接通电源开关。在布局布线方面，对神经网络硬件的电源管理建议采用三维网桥（3D-NB）实现所有电源的开关及其延迟控制，以减少有源芯片的面积成本。3D-NB 还支持维持触发器电路和静态随机存取存储器（SRAM）电路，在电源关闭期间维持信号的逻辑状态。如图 9.12 所示，3D-NB 也可以支持多电压源（MVS）和动态电压调节（DVS）的节能策略。

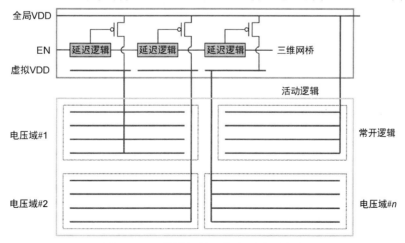

图 9.12 三维神经处理的电源选通方法

9.4.2　时钟选通

时钟选通（Clock gating）也称时钟门控。如图 9.13 所示，三维神经处理的网络计算以大规模并行处理方式进行，所有的操作与时钟周期同步对齐，在整个网络中因为并行处理需要的时钟切换会消耗整体能耗的一半。在布局布线环节建议时钟树路由采用 3D-NB 工艺，避免因为路由拥塞导致的时钟信号触发沿到达不一致的问题。3D-NB 还支持可编程四通道触发器实现的时钟选通。选通时钟调整时钟路径的通断，以节省功耗。可编程四通道触发器组合四个单通道触发器，采用相同的时钟信号驱动，实现时钟信号的可路由性和低功耗要求的平衡。这种电路的实现面积比 4 个单通道触发器高 10%～20%，但是减少了3/4 的时钟路由面积，降低了 1/2 的时钟功耗。根据电路负载的不同，可以采用四通道触发器用编程的方式进行优化。这加快了芯片设计的进度，避免了因为工程变更单（ECO）要求的单元电路设计规则的调整导致的延误。

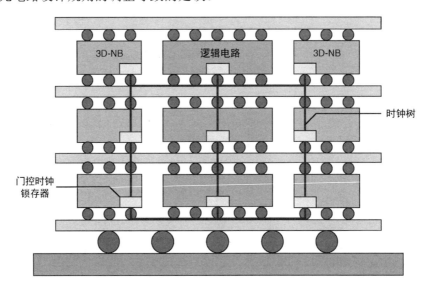

图 9.13　三维神经处理的时钟选通方法

本章介绍了三维神经处理的新型封装技术，这种技术不仅可以用于深度学习加速器的封装，也可以扩展应用到其他专用集成电路（ASIC）的设计中。

思　考　题

1．除了电源和散热问题，3D IC 面临的三大挑战是什么？

2．3D IC 的设计流程是怎样的？

3．如何采用基于模型的方法设计配电网络？

4．为什么不建议将 X 形拓扑用于信号路由？

5．NoC 设计的基本数据包格式是什么？

6．如何将动态电压调节方法集成到三维神经处理中？

7．如何设计用于三维神经处理的可编程四触发器？

8．如何将三维神经网络处理方法应用于其他设计应用？

原著参考文献

[1] Law, O. M. and Wu, K. H. (2013). Three-dimensional system-in-package architecture. US Patent 8487444.

[2] Law, O. M. and Wu, K. H. (2014). Three-dimensional integrated circuit structure having improved power and thermal management. US Patent 8674510.

[3] Law, O. M. and Wu, K. H. (2015). Three-dimensional system-in-package architecture. US Patent 9099540.

[4] Law, O., Liu, C. C. and Lu, J. Y. (2017). 3D integrated circuit. Patent 9666562.

[5] Liu, C. C. (2019). Hybrid three-dimensional integrated circuit reconfigurable thermal aware and dynamic power gating interconnect architecture. Patent 10224310.

[6] Law, O. M., Wu, K. H. and Yeh, W.- C. (2012). Supply power to integrated circuits using a grid matrix formed of through-silicon-via. US Patent US8247906B2.

[7] Law, O. M. and Wu, K. H. (2013). Three-dimensional semiconductor architecture. US Patent 8552563.

[8] Law, O. M., Wu, K. H. and Yeh, W.- C. (2013). Supply power to integrated circuits using a grid matrix formed of through-silicon-via. US Patent 8549460.

[9] Law, O. M. and Wu, K. H. (2014). Three-dimensional semiconductor architecture. US Patent 8753939.

附录 A　神经网络拓扑

本附录包括各种神经网络拓扑结构，包括常见的历史网络、感知网络（Perceptron，P）、前馈网络（Feed Forward，FF）、Hopfield 网络（HN）、Boltzmann 机（BM）、支持向量机（SVM）、卷积神经网络（CNN）、递归神经网络（RNN）等。

神经网络拓扑结构[①]（见彩插）：

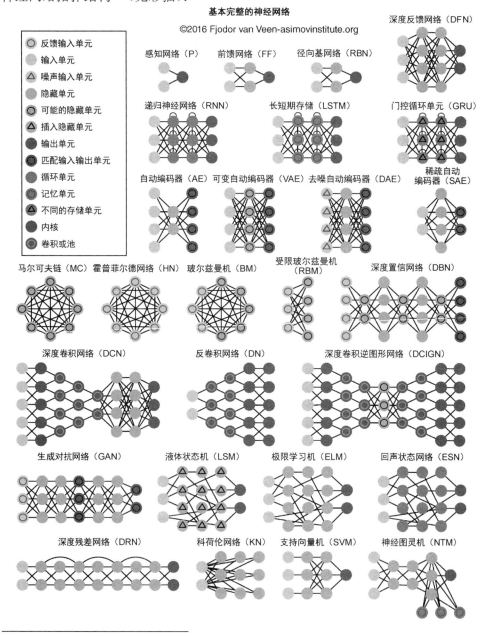

① ASIMOV 机构绘制。

附录 B　中英文词汇表

A

Accelerated Linear Algebra（XLA）	加速线性代数
Accumulating Matrix Product（AMP）	累加矩阵积
Accumulator Memory（AM）	累加器存储器
Address Generation Unit（AGU）	地址生成单元
Advanced Vector Extension（AVX）	高级矢量扩展
Advanced Vector Software Extension	高级矢量软件扩展
AlexNet	一个经典神经网络实例
Application-Specific Integrated Circuit（ASIC）	专用集成电路
Artificial Intelligence（AI）	人工智能
Auto Encoder（AE）	自动编码器
axon	轴突

B

Backward Propagation（BP）	反向传播
Banked Vector Buffer（BVB）	存储向量缓存
Batch normalization	批量归一化
Blaize Graph Streaming Processor（GSP）	Blaize 流图处理器
Boltzmann Machine（BM）	玻尔兹曼机
Brain Floating-Point（BFP）Format	大脑浮点格式
Brainware Project	智囊项目
Breadth First Scheduling（BFS）	广度优先调度
Brick Buffer（BB）	编码块缓冲区
Bulk Synchronous Parallel（BSP）model	批量同步并行模型
Buffer Controller（BC）	缓冲区控制器
Buffer Controller Functional Unit（BCFU）	缓冲区控制器功能单元

C

Cambricon-X accelerator	寒武纪 X 加速器
Catapult fabric accelerator	弹射结构加速器
Cell body	细胞体
Central Control Unit（CCU）	中央控制单元
Central Processing Unit（CPU）	中央处理器
Clock gating	时钟选通（时钟门控）
Computation Unit（CU）	计算单元
Compute Unified Device Architecture（CUDA）	统一计算设备架构
Compressed Sparse Column（CSC）	压缩稀疏列
Compressed Sparse Row（CSR）	压缩稀疏行
Combined Home Agent（CHA）	组合归属代理
Condensed Interleaved Sparse Representation（CISR）	压缩交织稀疏表示
Configuration Space Bus（CSB）	配置空间总线
Control Processor（CP）	控制处理器
Convolution Unit（CU）	卷积单元
Convolutional Neural Network（CNN）	卷积神经网络
Cross-Channel Data Processor（CDP）	跨通道数据处理器

D

DaDianNao supercomputer	DaDianNao 超级计算机
Data Backbone（DBB）	数据主干
Deep Convolutional Neural Network（DCNN）	深度卷积神经网络
DCNN pooling	DCNN 池化
DCNN streaming	DCNN 流
Deep Belief Network（DBN）	深度置信网络
Deep compression	深度压缩
Deep Feed Network（DFN）	深度反馈网络
Deep Convolutional Network（DCN）	深度卷积网络
Deep Learning（DL）	深度学习
Deep Neural Network（DNN）	深度神经网络
Deep Learning Super-Sample（DLSS）	深度学习超级样本

Deep Convolutional Inverse Graphics Network（DCIGN）	深度卷积逆图形网络
Deep Residual Network（DRN）	深度残差网络
Depth First Scheduling（DFS）	深度优先调度
Design For Yield（DFY）	成品率设计
Denoising AE（DAE）	去噪自动编码器
Deconvolutional Network（DN）	反卷积网络
Direct Memory Access（DMA）	直接内存访问
Dot-Product Engine（DPE）	点积计算引擎
Direct Acyclic Graph（DAG）	有向无环图
Dynamic Voltage Scaling（DVS）	动态电压调节

E

Echo State Network（ESN）	回声状态网络
Elastic Router（ER）	弹性路由器
Engineering Change Order（ECO）	工程变更单
Energy Efficient Inference Engine（EIE）	能效推理引擎
Error-Correcting Code（ECC）	纠错码
Extreme Learning Machine（ELM）	极限学习机
Exponential linear unit	指数线性函数（单元）

F

Feed Forward（FF）	前馈
Finite Impulse Response（FIR）	有限冲激响应
feature map（fmap）	特征图，权重系数或计算数据的多维矩阵
Filter weight HM-NoC	特征权重 HM-NoC
Filter weight reuse	滤波器权重复用
Filter decomposition	滤波器分解
Finite State Machine（FSM）	有限状态机
Floating-Point Unit（FPU）	浮点计算单元
Forward Propagation（FP）	正向传播
4D Tiling	四维分块
Fused Multiply-Add（FMA）	融合乘法-加法

G

H

I

Intel Ultra Path Interconnect（UPI）	英特尔超路径互连
Intelligence Processor Unit（IPU）	智能处理器
Interrupt request	中断请求
Indexing Module（IM）	索引模块
Input Activation RAM（IARAM）	输入激活 RAM
input feature map（ifmap）	输入特征图
input Neural Buffer（NBin）	输入神经缓冲区
input Neuron Buffer（NBin）	输入神经元缓冲区
Input channel reuse	输入通道复用
Input activation HM-NoC	输入激活 HM-NoC
Input Stationary（IS）	输入固定
Input Buffer（IB）	输入缓冲区
Ineffectual activation skipping	跳过无效激活
Ineffectual weight skipping	跳过无效权重

K

Kernel-Mode Driver（KMD）	内核模式驱动
Kohonen Network（KN）	科荷伦网络

L

Last-Lever Cache（LLC）	末级缓存
Leading Non-Zero Detection（LNZD）	前导非零检测
Least Significant Bit（LSB）	最低有效位
Leaky rectified linear unit	漏整流线性函数（单元）
Lightweight Transport Layer（LTL）	轻量级传输层
Liquid State Machine（LSM）	液体状态机
Long Short-Term Memory（LSTM）Network	长短期存储网络
Local Response Normalization（LRN）	局部响应归一化
Look-Up Table（LUT）	查询表
Logic-Base（LoB）	基础逻辑电路

M

Math Kernel Library for Deep Neural Network（MKL-DNN）	深度神经网络的数学内核库
Matrix Multiply Unit（MMU）	矩阵乘法单元

Matrix Unit（MXU）	矩阵单元
Matrix-Vector Multiplier（MVM）	矩阵-向量乘法器
Matrix Multiply-Accumulate（MAC）	矩阵乘法-累加
Matrix Register Files（MRF）	矩阵寄存器文件
Markov Chain（MC）	马尔可夫链
Memory Management Unit（MMU）	内存管理单元
Memory Centric Neural Computing（MCNC）	以内存为中心的神经计算
Mid-Level Cache（MLC）	中级缓存
Model compression	模型压缩
Multiply-Accumulate（MAC）Systolic Array	乘法-累加脉冲阵列
Multi-Layer Perceptron（MLP）	多层感知器
Multifunction Unit（MFU）	多功能单元
Multicast Controller（MC）	多播控制器
Multiple Voltage Supplies（MVS）	多电压源
Multi-plane operation	多平面运算

N

Near memory computation	近内存计算
Neural Functional Unit（NFU）	神经功能单元
Neural network layer	神经网络层
Neural network model	神经网络模型
Neural network vaults partition	神经网络的 vault 分区
Neural Memory（NM）	神经内存
Neural Turing Machine（NTM）	神经图灵机
Neurocube architecture	Neurocube 架构
NeuroStream accelerator	NeuroStream 加速器
NeuroStream coprocessor	NeuroStream 协处理器
Network-on-Chip（NoC）	片上网络
NVIDIA Deep Learning Accelerator（NVDLA）	英伟达深度学习加速器
NVLink2	NVLink2 总线及其通信协议

O

output feature map（ofmap）	输出特征图
Output Stationary（OS）	输出固定

Output Buffer（OB）	输出缓冲区
Output Activation RAM（OARAM）	输出激活 RAM
output Neural Buffer（NBout）	输出神经缓冲区
output Neuron Buffer（NBout）	输出神经元缓冲区
Offset Count（OC）	偏移量计数
Operational Intensity（OI）	计算强度

P

Parametric Rectified Linear Unit（PReLU）	参数化整流线性函数（单元）
partial sum（psum）	部分和
partial sum HM-NoC	部分和 HM-NoC
Peta Floating-point Operations Per Second（PFLOPS）	每秒一千万亿（$=10^{15}$）次浮点运算
Peripheral Component Interconnect（PCI）	外设部件互连标准
PCI express（PCIe）	外设部件互连标准扩展
Pipeline Register Files（PRF）	管道寄存器文件
Planar Data Operation（PDP）	平面数据运算
Planar Tiled-Input Stationary-Cartesian Product（PT-IS-CP）	平面分块-输入固定-笛卡儿积
Pooling	池化
Power Distribution Network（PDN）	配电网络
Power gating	电源选通（电源门控）
Post-Processing Unit（PPU）	后处理器
Programmable Neurosequence Generator（PNG）	可编程神经序列发生器
Processing Element（PE）	处理元件
Processing Element Functional Unit（PEFU）	处理元件功能单元
Processor-in-Memory（PIM）	存内处理
Pytorch	Pytorch 框架

R

Radial Basis Network（RBN）	径向基网络
Raw or Encoded（RoE）format	原生或编码格式
Ray Tracing（RT）	光线追踪
Recurrent Neural Network（RNN）	递归神经网络
Reinforcement Learning（RL）	强化学习

Restricted Boltzmann Machine（RBM）	受限玻尔兹曼机
Residual Neural Network（RNN）	残差神经网络
ResNet	残差网络
Rectified Linear Unit（ReLU）	整流线性函数（单元）
Register Transfer Level（RTL）	寄存器传输级
Remote Status Update（RSU）	远程状态更新
Redistribution Layer（RDL）	重分布层
Restricted BM（RBM）	受限玻尔兹曼机
Roofline model	屋顶线模型
Row Stationary (RS) dataflow	行固定（RS）数据流
Row Stationary Plus（RS+）dataflow	行固定加（RS+）数据流
Routing Computation（RC）	路由计算
Run-Length Compression（RLC）	游程长度压缩

S

SCNN accelerator	SCNN 加速器
SCNN PT-IS-CP-dense dataflow	SCNN PT-IS-CP-密集数据流
SCNN PT-IS-CP-sparse dataflow	SCNN PT-IS-CP-稀疏数据流
ScratchPad Memory（SPM）	暂存器内存
Semi-supervised learning	半监督学习
Simultaneous Multithreading（SMT）	同步多线程
Single Instruction Multiple Data（SIMD）	单指令多数据
Single Instruction Multiple Thread（SIMT）	单指令多线程
Single Instruction Single Data（SISD）	单指令单数据
Single/Multiple Socket Parallel Processing	单/多插槽并行处理
Single Data Point（SDP）	单一数据点
Single-Event Upset（SEU）	单粒子翻转
Smart Memory Cube（SMC）	智能内存立方体
Snoop filter	探听滤波器
Sparse Convolutional Neural Networks（SCNN）	稀疏卷积神经网络
Sparsity-mask encoding	稀疏掩码编码
Sparse matrix computation	稀疏矩阵计算
Sparse matrix-vector	稀疏矩阵向量

Sparse AE（SAE）	稀疏自动编码器
Sparse Matrix-Vector Multiplication（SMVM）	稀疏矩阵-向量乘法
Sparse Matrix-Vector Multiplier（SMVM）	稀疏矩阵-向量乘法器
Stationary Dataflow（SD）	数据流固定
Static Random-Access Memory（SRAM）	静态随机存取存储器
Stream graph model	流图模型
Streaming Multiprocessor（SM）	流式多处理器
Support Vector Machine（SVM）	支持向量机
Sub non-unified memory access clustering（SNC）	子非统一内存访问集群
Supervised learning	监督学习
Switch Allocation（SA）	交换机分配
Switch Traversal（ST）	交换机遍历
Systolic array	脉冲阵列
Synapse Buffer（SB）	突触缓冲区

T

Tensor core	张量计算核心
Tensor core architecture	张量计算核心架构
TensorFlow	张量流图
Tensor Processing Unit（TPU）	张量处理器
Tera Floating-point Operations Per Second（TFLOPS）	每秒一万亿（$=10^{12}$）次浮点运算
Tera Operations Per Second（TOPS）	每秒一万亿（$=10^{12}$）次运算
Tetris accelerator	Tetris 加速器
Texture Processing Clusters（TPC）	纹理处理集群
3D Network Bridge（3D-NB）	三维网桥
3D Network-on-Chip（NoC）	三维片上网络
3D neural processing	三维神经处理
Through Silicon Via（TSV）	硅通孔
Tour network topology	巡回网络拓扑
Translation Look-aside Buffer（TLB）	转译后备缓冲区
2D convolution to 1D	二维卷积到一维

U

Ultra Path Interconnect（UPI）	超路径互连

Unsupervised learning　　　　　　　　　　　　无监督学习

Unified Buffer（UB）　　　　　　　　　　　　统一缓冲区

University of California, Los Angeles（UCLA）　　加州大学洛杉矶分校

User-Mode Driver（UMD）　　　　　　　　　　用户模式驱动

V

Variational AE（VAE）　　　　　　　　　　　　可变自动编码器

Vector Ineffectual Activation Identifier（VIAI）format　　矢量无效激活标识符格式

Vector Neural Network Instruction（VNNI）　　矢量神经网络指令

Vector Register Files（VRF）　　　　　　　　　向量寄存器文件

Virtual Channel Allocation（VCA）　　　　　　虚拟信道分配

W

Weight Stationary（WS）　　　　　　　　　　　权重固定

Winograd transform　　　　　　　　　　　　　维诺格拉德变换

Word-Level-Interleaved（WLI）　　　　　　　　字级交织

X

Xeon processor　　　　　　　　　　　　　　　至强（Intel）处理器

X topology　　　　　　　　　　　　　　　　　X 形拓扑

Z

Zero-Free Neuron Array format（ZFNAf）　　　无零神经元阵列格式

zero-padding　　　　　　　　　　　　　　　　零填充

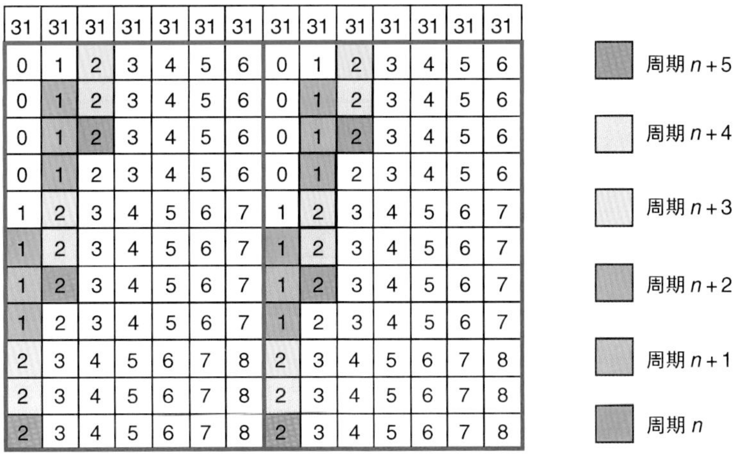

图 5.35　Eyeriss PE 运算（AlexNet CONV1）

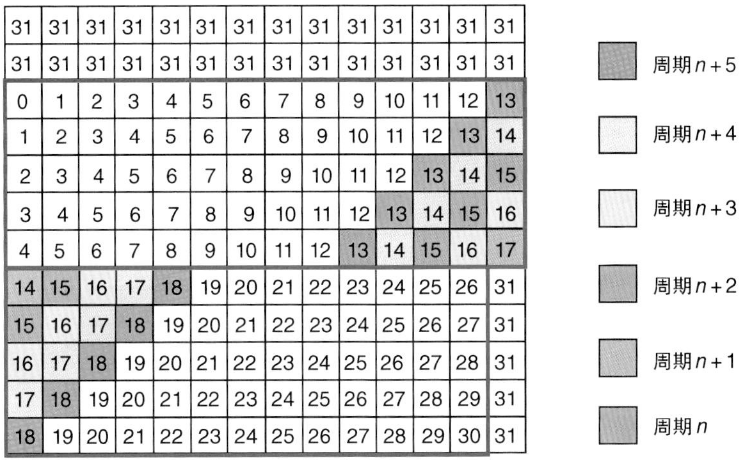

图 5.36　Eyeriss PE 运算（AlexNet CONV2）

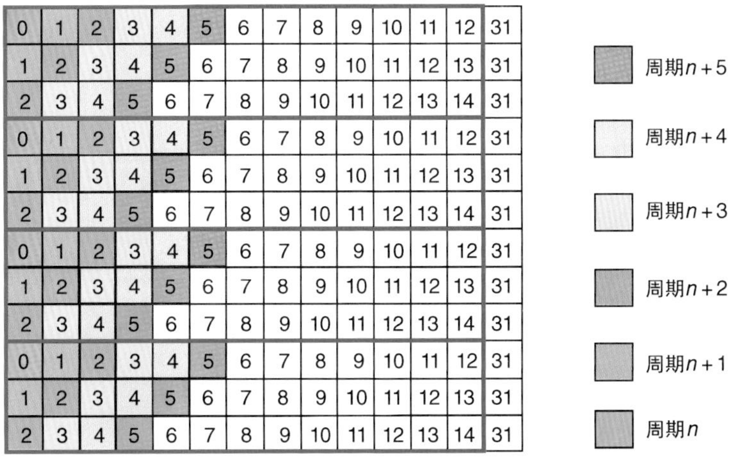

图 5.37　Eyeriss PE 运算（AlexNet CONV3）

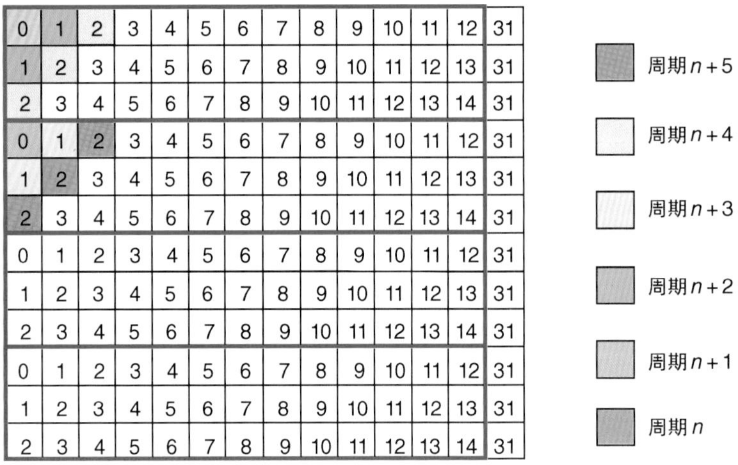

0 1 2 3 4 5 6 7 8 9 10 11 12 31
1 2 3 4 5 6 7 8 9 10 11 12 13 31
2 3 4 5 6 7 8 9 10 11 12 13 14 31
0 1 2 3 4 5 6 7 8 9 10 11 12 31
1 2 3 4 5 6 7 8 9 10 11 12 13 31
2 3 4 5 6 7 8 9 10 11 12 13 14 31
0 1 2 3 4 5 6 7 8 9 10 11 12 31
1 2 3 4 5 6 7 8 9 10 11 12 13 31
2 3 4 5 6 7 8 9 10 11 12 13 14 31
0 1 2 3 4 5 6 7 8 9 10 11 12 31
1 2 3 4 5 6 7 8 9 10 11 12 13 31
2 3 4 5 6 7 8 9 10 11 12 13 14 31
周期n+5
周期n+4
周期n+3
周期n+2
周期n+1
周期n

图 5.38　Eyeriss PE 运算（AlexNet CONV4/CONV5）

权重矩阵
2.09 0.98 1.48 0.09
0.05 −0.14 −1.08 2.12
−0.91 1.92 0 −1.03
1.87 −0002 1.53 1.49
聚类
聚类索引
3 0 2 1
1 1 0 3
0 3 1 0
3 1 2 2
矩心
2.0
1.5
0.0
−1.0
微调矩心
1.98
1.48
−0.04
−0.97
学习速率
梯度矩阵
−0.03 −0.01 0.03 0.02
−0.01 0.01 −0.02 0.12
−0.01 0.02 0.04 0.01
−0.07 −0.02 0.01 −0.02
组
−0.03 0.12 0.02 −0.07
0.03 0.01 −0.02
0.02 −0.01 0.01 0.04 −0.02
−0.01 −0.02 −0.01 0.01
减少
0.04
0.02
0.04
−0.03

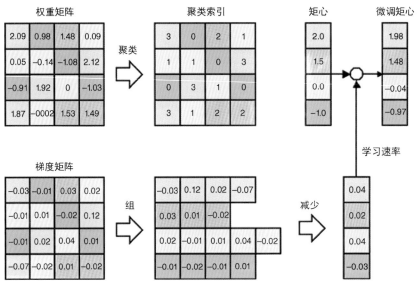

图 8.3　深度压缩权重共享和量化

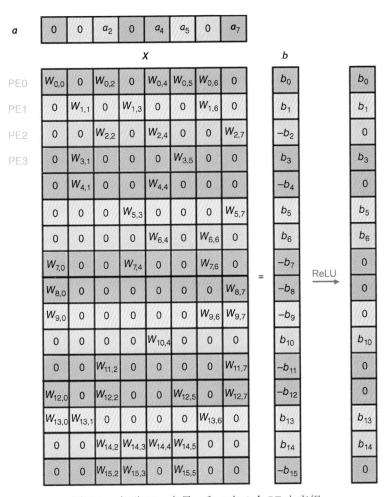

图 8.4　矩阵 **W**、向量 **a** 和 **b** 在 4 个 PE 上交织

虚拟权重	$W_{0,0}$	$W_{8,0}$	$W_{12,0}$	$W_{4,1}$	$W_{0,2}$	$W_{12,2}$	$W_{0,4}$	$W_{4,4}$	$W_{0,5}$	$W_{12,5}$	$W_{0,6}$	$W_{8,7}$	$W_{12,7}$
行索引	0	1	0	1	0	2	0	0	0	2	0	2	0
列指针	0	3	4	6	6	8	10	11	13				

图 8.5　用压缩稀疏列格式的矩阵 **W** 布局

彩 4

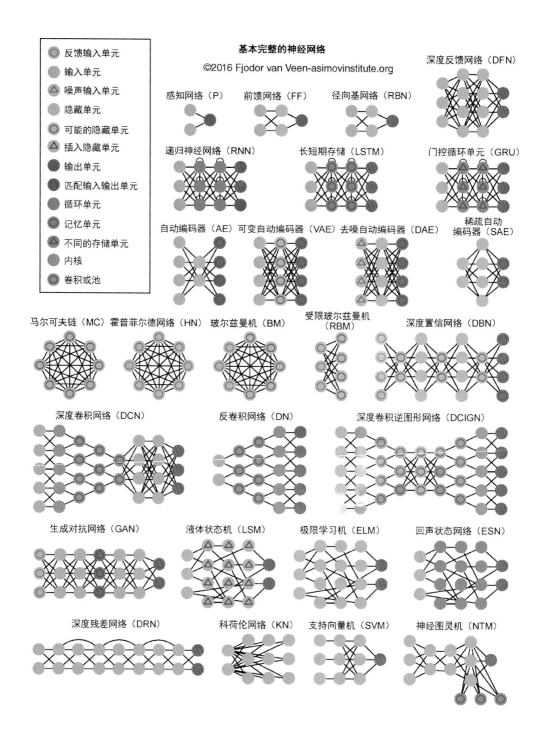

图例（图左）：
反馈输入单元
输入单元
噪声输入单元
隐藏单元
可能的隐藏单元
插入隐藏单元
输出单元
匹配输入输出单元
循环单元
记忆单元
不同的存储单元
内核
卷积或池

基本完整的神经网络
©2016 Fjodor van Veen-asimovinstitute.org

感知网络（P）　前馈网络（FF）　径向基网络（RBN）　深度反馈网络（DFN）

递归神经网络（RNN）　长短期存储（LSTM）　门控循环单元（GRU）

自动编码器（AE）　可变自动编码器（VAE）　去噪自动编码器（DAE）　稀疏自动编码器（SAE）

马尔可夫链（MC）　霍普菲尔德网络（HN）　玻尔兹曼机（BM）　受限玻尔兹曼机（RBM）　深度置信网络（DBN）

深度卷积网络（DCN）　反卷积网络（DN）　深度卷积逆图形网络（DCIGN）

生成对抗网络（GAN）　液体状态机（LSM）　极限学习机（ELM）　回声状态网络（ESN）

深度残差网络（DRN）　科荷伦网络（KN）　支持向量机（SVM）　神经图灵机（NTM）